葉子

Leaves
Publishing

根

以讀者爲其根本

莖

用生活來做支撐

葉

引發思考或功用

果

獲取效益或趣味

游學志的陶笛王國
陶笛阿志

三色堇系列

陶笛阿志——游學志的陶笛王國

作　　者：游學志
出 版 者：葉子出版股份有限公司
叢書總監：阮慕驊
企劃主編：林淑雯
採訪撰文：汪君瑜、林靜宜
責任編輯：林玫君
美術設計：上藝設計
印　　務：許鈞棋
圖片提供：風潮音樂
登 記 證：局版北市業字第677號
地　　址：台北市新生南路三段88號7樓之3
電　　話：（02）2363-5748　　傳　　真：（02）2366-0313
讀者服務信箱：service@ycrc.com.tw
網 址：http://www.ycrc.com.tw
郵撥帳號：19735365　　戶名：葉忠賢
印刷：上海印刷廠股份有限公司
法律顧問：北辰著作權事務所
初版一刷：2005年7月　　新台幣：250元
ISBN：986-7609-76-X（平裝）

國家圖書館出版品預行編目資料

陶笛阿志：游學志的陶笛王國 / 游學志著. --
初版. -- 臺北市：葉子, 2005[民94]
面；　公分. -- (三色堇系列)
ISBN 986-7609-76-X(平裝)
1. 陶笛 2. 創業

489.72　　94010826

總 經 銷：揚智文化事業股份有限公司
地　　址：台北市新生南路三段88號5樓之6
電　　話：(02)2366-0309
傳　　真：(02)2366-0310
※本書如有缺頁、破損、裝訂錯誤，請寄回更換

謝院長的序——「一生懸命」陶笛追夢

聽說陶笛阿志要出書了，這個年輕人不但將自己的興趣及事業合而為一，而且還玩出心得來，把他努力的過程告訴大家，相信對很多準備迎接人生另一階段的校園新鮮人來說，阿志和陶笛的這段故事，可以成為年輕人學習的模範。

我和阿志也是因為陶笛而結緣。當時我在高雄市推廣陶笛活動，常常在一些表演活動中看到阿志的身影，２００４年12月18日在高雄創下的「台灣陶笛　萬人吹奏」金氏世界紀錄，阿志也是其中一人。不過陶笛對於阿志來說，不只是一項興趣，他發揮了想像力和執行力，把陶笛

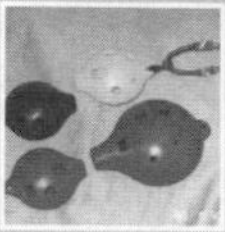

推薦序

當成一項事業來經營，而且全心投入。為了追求更好的音質，他跑到日本去請教名師，這種執著的精神也讓日本師傅感動，願意把最好的陶笛賣給他。阿志這種「一生懸命」的打拚精神，也印證了「有夢最美、希望相隨」這句話。

我本來對音樂一竅不通，但是在兩年多前，偶然接觸到陶笛之後，發現這是一種音色優美，攜帶方便，而且容易學習的樂器。練習過幾次之後，竟然也能吹出簡單的曲子，讓我非常的有成就感，現在偶爾也會上台表演，自娛娛人。

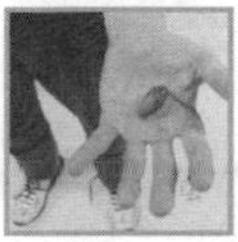

很高興看到阿志在事業之外，能夠用心地推廣這項平易近人的民俗樂器。我也希望藉由推廣陶笛，能夠讓每個學生、每個家庭、甚至每個社區，都可以藉由學習簡單的樂器，培養和諧與學習欣賞的精神，只要處處有音樂，我相信這個社會一定會非常健康。

有人說，能夠把興趣和事業結合在一起，是最幸福的一件事，阿志就是一位幸福的陶笛人。不過他也花了很多心血，才能有今天的成績。我很高興能夠幫他寫序，希望下一步，他能向事業和公益合一而繼續努力。

行政院院長

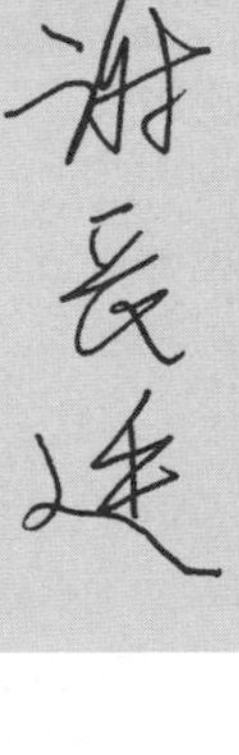

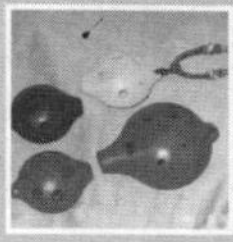

讓陶笛吹奏你我生活的歡樂篇章

阿志和我的背景其實挺像的，我們也都是因為對音樂的喜好進而朝此方向自己創業，而談到許多人都想嘗試的「創業」本身，其中的辛苦真的不足外人道也！

但是長江後浪推前浪，在阿志與風潮合作的這些年來，我看到他將生活發揮得更精采更豐富，對推廣自己喜愛的音樂更具有無人能敵的熱情。

我們舉辦了很多陶笛體驗營，不只是小朋友，更有許多爸爸媽媽爺爺奶奶甚至年輕朋友們一同加入，能夠在國內推廣音樂欣賞風氣並且引

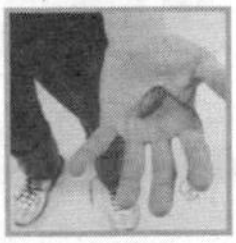

薦陶笛給所有愛音樂的朋友們，真的是阿志和風潮最感欣慰的事！希望喜愛陶笛的朋友們多多邀約身邊的親朋好友，一同進入陶笛阿志的音樂世界，讓陶笛音樂為你我營造出更美好多彩的人生！

風潮音樂總經理

楊錦聰

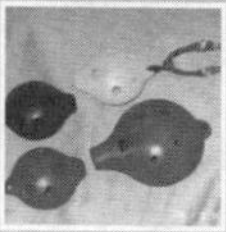

目錄 CONTENTS

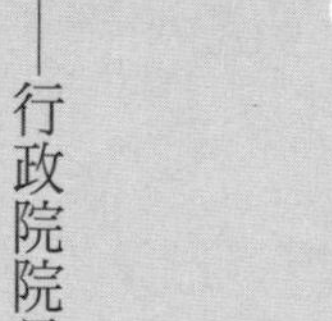
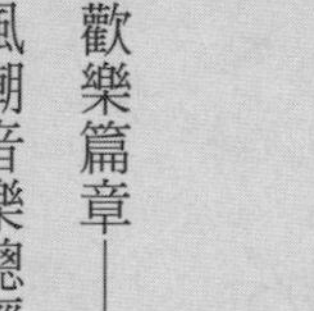
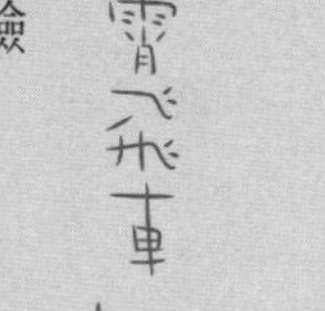

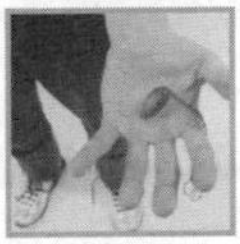

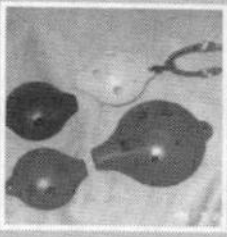

目錄 CONTENTS

PART.5 白手起家吹笛人

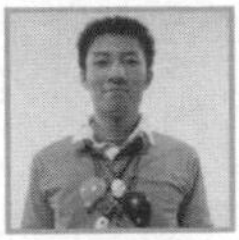

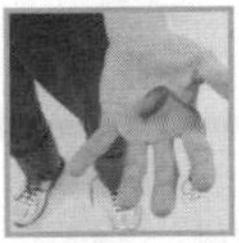

PART.6 全民攻笛

附錄

後記

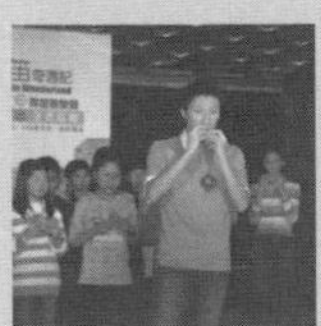

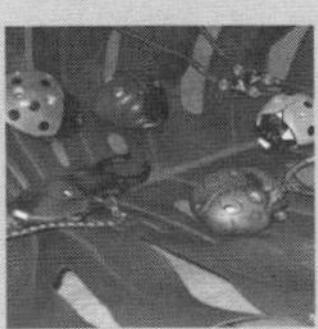

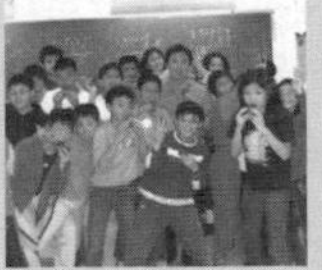

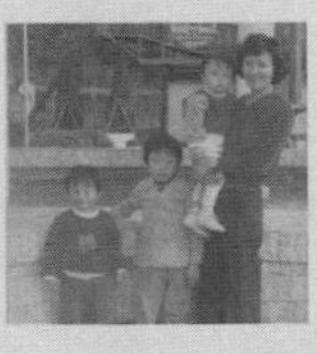

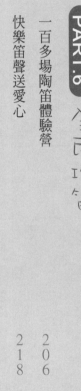

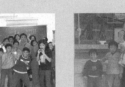

Part 1

「雲霄飛車」家庭

爸媽語氣沉痛的告訴我們再也撐不下去了，
得「跑路」到美國，
我們三兄弟也得各自想辦法借住到同學家。
走到這樣的絕境，又不知道何時才能再相聚，
一家人哭得心都要碎了。
看著爸媽離開公寓時的背影，
我很氣我自己，為什麼一點忙都幫不上？
怎麼會那麼沒用？？

我的家庭背景和求學經驗

小時候的我是一個個性相當溫和、乖巧又不多話的人。三兄弟中我排行老二，所以小時候會有不平衡的老二心態，心思敏感的我常會覺得爸媽比較偏愛哥哥和弟弟，只是爸媽不承認。

● 親愛的媽媽和我們三兄弟（由左至右：哥哥7歲、媽媽37歲、弟弟3歲、我5歲）

直到國小三年級，有一天晚上去倒垃圾時，在門口無意聽到從美國回來的姑姑跟爸媽說話，替我抱不平，我才在巷口委屈地哭了出來。

★我們很幸運，沒有什麼「男生學藝術沒出息」的反對聲浪和壓力。

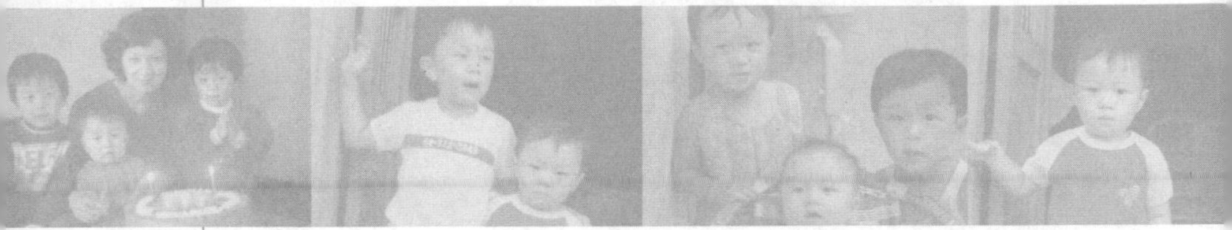

但是說真的，小時後爸媽買東西給我們都會力求三人平均而不偏心。而且上了高中以後，因為住校的關係，反而覺得媽媽最疼的是自己，那種不平衡的心態也早拋到九霄雲外去了。

雖然小時候我們兄弟間和大多數的手足一樣，常常吵吵鬧鬧的，即便是安排倒垃圾的時間也會很小心的分日子，弟弟倒每個月的一至十號，我倒十一至二十號，哥哥是二十一至三十一號，因為他年長所以多倒一天。

我還記得小時候為了買一支二胡而跟我哥他們吵起來，因為那時很流行任天堂，他們很想要買，而當時任天堂和二胡單價都是四千多塊，我哥氣起來就說：「好！你買二胡就不能玩任天堂。」

這件事我現在還是印象深刻，只是現在想想就覺得小時候的心態真的很好笑，幹嘛那麼計較一些雜七雜八的小事情，真的很會自尋煩惱。

自由放任的家庭教育

我哥哥現在的專職工作是負責展場或百貨公司專櫃設計，弟弟也是學美術出身的，因為我們三兄弟的專長領域都跟藝術創作有關，很多人常問我小時候爸爸媽媽是怎麼培養我們的，是不是從小就有這種天份和家庭背景……

●我的可愛女裝打扮（由左至右：我3歲、弟弟4個月、哥哥5歲）

其實我從小在學校的成績中等，對音樂說真的也沒有太大的喜好、專長或憧憬。雖然我覺得爸爸在音樂和繪畫上頗有天份，只是並沒有朝這個方向發展，所以我們家的小孩在藝術方面如果真有天份，可能也只

是潛在的影響。

但是爸媽從小對我們的教育方式是很自由隨性的，雖然家境小康但也從不會送我們去補習班學習各項才藝，更不會像耳聞中的許多家長，強迫孩子去完成他們年輕時可能無法實現的夢想。

求學時報考學校，爸媽也都尊重我們自己的選擇或喜好，所以我們很幸運，沒有什麼「男生學藝術沒出息」的反對聲浪和壓力。在這樣開明的家庭教育之下，我在求學過程中是挺開心而自由的。

● 難忘的泰國行（由左至右：弟弟8歲、哥哥12歲、我10歲）

人生中影響最深的兩件事

家庭風暴

小時候我們全家就住在板橋現居處的附近，爸媽剛開始從事廣東臘腸生意，因為品質好、風評佳，所以生意相當不錯，像來來大飯店等各大飯店都會跟我們家的臘腸工廠訂做，後來因為舅舅想接下這個臘腸生意，爸爸就將工廠轉交給舅舅經營。

「游家三劍客」（由左至右：哥哥、我、弟弟）

爸爸是個相當有能力又聰明的人，不管是從事旅遊業、保險業……都有很不錯的成績。

當他從事東南亞等區域的導遊時，還會在當地大量採購衣服和雜貨等物品，在台灣以跑單幫的形式販賣，一堆東西常常很快就一售而空。所以我小時候的家境很不錯，算是小康家庭。

陷入困境的開始

後來在我高中唸書時期，爸爸開始投資寶特瓶工廠，加上他的工廠掌握了幾個獨家技術，雖然資本額需要八億，但家裡也賺了幾千萬，雖然比不上現今的許多大企業，在當時卻算是很不錯的。

有一年烏龍茶在台灣的市場上引起風潮，銷售成績相當好，自然需要大量的寶特瓶供應，飲品公司間競爭激烈的程度，從他們直接將大卡

車開到寶特瓶工廠等候，以現金交易搶購寶特瓶的行為可見一斑，當時寶特瓶的單價甚至曾高達一個八塊錢。

也因為寶特瓶的市場需求量大增，爸爸決定擴廠，但是可能因為投資太快、野心太大，資金上開始有些周轉不靈。

第二、三年之後，很多飲品公司開始想辦法自行製造瓶子，所以寶特瓶的需求量驟減、市場萎縮，再加上有些工廠外移至大陸，所以我們家的工廠如無底洞般，收支漸漸無法平衡，而且因為當初設廠借貸了很多錢去投資，再加上如滾雪球般的利息，我們家開始陷入困境。

再也填不滿的無底洞

就在此時，爸媽開始標會當會頭，最誇張的是標會的人一個帶著一個地加入，人數最多時甚至可達一百多人！

★印象中是我們輪流載著媽媽到處收會錢，當時我就覺得很奇怪……

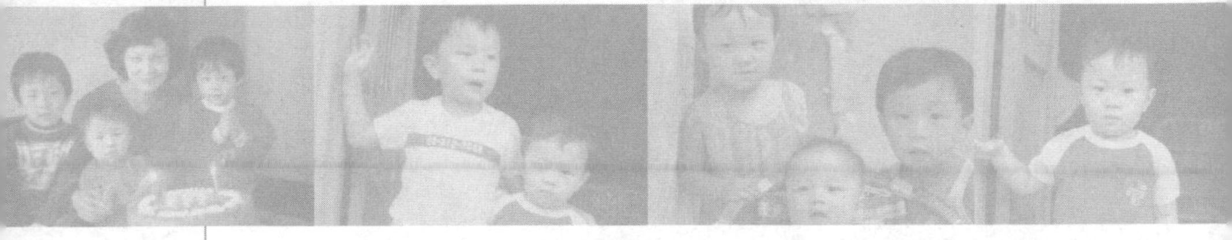

當時的印象就是由我、我哥或我弟輪流載著媽媽到處收會錢，我就覺得很奇怪為什麼每天都在收會錢，後來才知道家裡的經濟狀況遇到很大的困難。

標會標到最後，慢慢地開始有很多人跑掉，兩萬的會標到八千。家裡本來就有太多洞要填補，本想藉著標會改善現況，卻因為這些無法控制的外力因素而越補越大。

最慘的是標會的人數實在太多了，很多人跑掉之後像人間蒸發般音訊全無，變成當會頭的我們要去負擔那些拿不回來的錢。

對於當時的情況，我最氣、最不甘願的就是有的人標到會跑掉之後，他們那些還沒標到會很好的朋友就只會一直來向我們要錢，但是對於自己的好友捲款而逃完全不聞不問，更遑論試著幫我們一起找出那些人來了。

可是不管親眼看到這種情况的我有多麼憤怒，畢竟因為自己還是小孩，真的也毫無辦法可想。

悲傷的分離

這樣的情況一直惡性循環了好一陣子，直到這無底洞大到無法去填補之後，有幾天我開始感覺到家裡氣氛異常詭譎，那種在頭上旋繞不去的低氣壓十分恐怖，爸爸也開始暗示我們打包自己的東西……

有一天，就在現居處，爸媽語氣沉痛的告訴我們再也撐不下去了，得「跑路」。爸媽決定逃到到美國，我們三兄弟也得各自想辦法借住到同學家。

● 美麗的媽媽和帥氣老爸結婚於金瓜石

★離開公寓時，爸爸捨不得地一直回頭看，大家都傷心地無法停止哭泣……

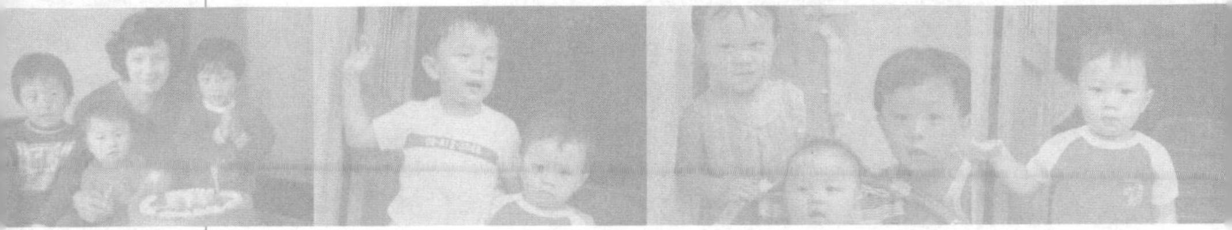

最難忘的是當爸媽告訴我們這個不得已的決定時，我們全家抱頭痛哭，為了走到這樣的絕境和不知道何時才能相聚，哭得心都要碎了，連我哥哥那種很堅強的人都一直流著眼淚。

看著爸媽從樓梯口下去，我捨不得地衝到陽台張望，看著爸媽離開公寓時的背影，還有爸爸捨不得地一直回頭看，我們大家都傷心地無法停止哭泣，但是一點辦法都沒有。

印象深刻的是那天我很氣我自己，為什麼一點忙都幫不上？怎麼會那麼沒用？！

擔起責任，再次相聚

好在一個多月後，爸媽還是返回台灣解決債務問題。

他們把所有的債權人叫來，面對面直接跟大家解釋因為被倒了太多

會，真的沒有辦法在短期內還清所有款項，唯一能做的方式就是扣除利息直接還本金，其實這已經是沒有辦法中的辦法了。然後就開始依照那些人數安排、協定還款順序，每個月還給第一個人多少錢、分幾年還清，還清後再接著下一個債權人按月還款……

我們就這樣慢慢地在好幾年內逐步解決了這些債務。

但是我覺得像爸媽這樣已經是很負責任的作法了，有的人跑路後就搬家消失，不見得找得到。即使之後我們有請地下錢莊去找那些捲款而逃的人，雖然有找到一些，但是就算那些

● 少女時期的媽媽在金瓜石外婆家開的百年老店工作

★債款並不是我們家花掉的，而是去承擔那些跑掉的人的債務，非常不公平……

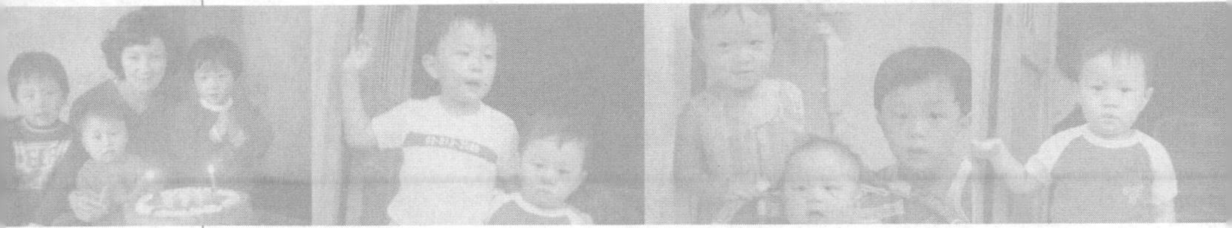

人一個月還我們兩萬塊，地下錢莊就抽走了一萬塊，然後還了五、六個月之後又不了了之，所以根本就沒有太大的幫助。

一直到最近這兩年，我還是很不甘心，這些債款並不是我們家花掉的，而是去承擔那些跑掉的人的債務，非常不公平。

但是不釋懷也沒辦法，這些事情還是要去解決，而且我覺得欠人家錢的感覺真的很痛苦，所以我最近幾年都在處理這件事情。好在在大家的努力之下，這些債務已經還得差不多了。

● 弟弟的2歲生日party（由左至右：哥哥、媽媽、弟弟、我4歲）

風暴後的家庭凝聚力

雖然經過了這麼一段漫漫長路，但是我很為自己的家人感到驕傲。除了爸媽勇敢擔起責任之外，我們三兄弟也都非常潔身自愛，並沒有因為家庭因素而學壞。

就算當時家裡欠一屁股債、生活陷入困境，哥哥念到大二後就因為家裡的情形和志向因素而休學，我和弟弟也都沒唸大學，但是我們沒有像很多其他的同學一樣，把卡刷爆、欠一堆卡債。或是藉由升學來逃避就業問題，一心只想偷懶、讓家裡來負擔自己的生活。

我們家的小孩都比較會想，也比從前更珍視彼此。而且我們三兄弟真的很孝順。

雖然現在家裡如果有什麼比較大的事情，例如裝潢等重大抉擇大都是我哥主導，雜事才由我媽媽負責決定，但是因為我們對這些事情比他

★在經過這暴風雨之後，我們全家人的凝聚力也越益顯得強大而珍貴……

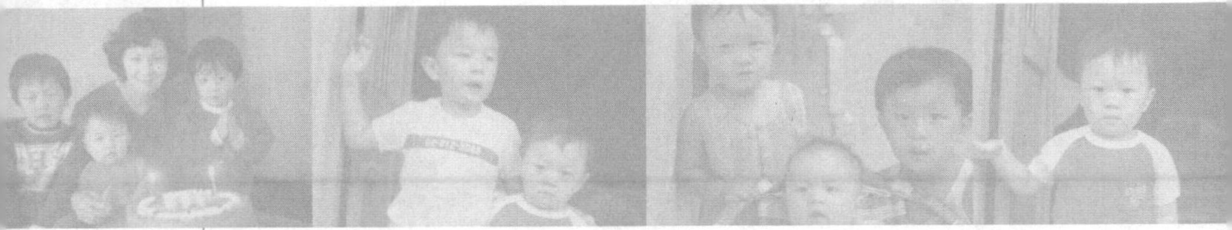

們有概念，所以我爸媽也比較順從我們的意見。

爸爸前幾年本來想去當大樓管理員或警衛，但是因為我們希望他退休之後就好好休息，由我們供養照顧他，所以他也落得輕鬆，除了雲遊四海之外，有空就找些牌搭子一起打牌消磨時間，生活得挺自在愜意的。

所以我覺得在經過這暴風雨之後，我們受到的影響很大但卻是正面的，好比現在自己有能力賺錢後，就會更希望改善家裡的狀況，會花較多的精神和金錢在家人身上。我們全家人的凝聚力也越益顯得強大而珍貴。

數饅頭的日子

物質缺乏的軍中生活

其實我現在做的許多事情、想法和規劃，除了「家庭破產」之外，與「當兵」也絕對有很大關聯與影響。入伍的時候中心在宜蘭，我們在宜蘭過得滿苦的。我印象最深刻的就是兩件事：洗碗和伙食。

那時部隊裡常常沒有洗碗精，吃完飯後總是要用面紙擦拭碗盤油污然後用水沖洗；不然就是得拿石頭刮那些油到不行的碗盤，有時候還得

● 當兵時期（那時還笑得很快樂）

★部隊裡常常沒有洗碗精，吃完飯後有時得拿石頭刮那些油到不行的碗盤……

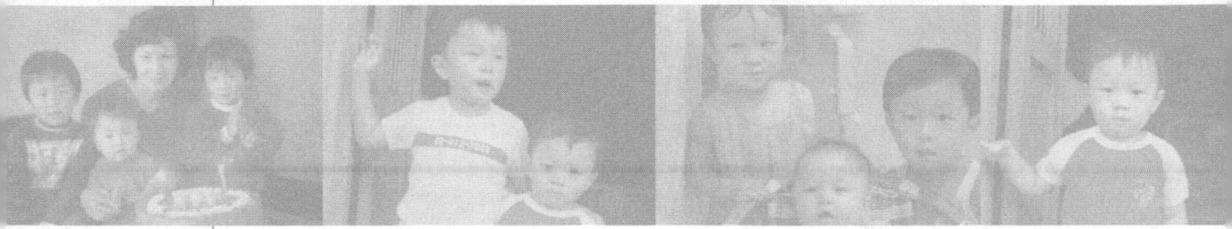

用洗衣粉來清洗。

而且不知道為什麼部隊就是很缺錢，吃得很不好，常常都是吃不飽的狀態，菜一點點只能拚命吃飯，甚至有個麵包沾草莓醬就很高興。

當我把這些經歷告訴我同學的媽媽時，她們還以為我在編故事騙她們。不過當我上謝震武的節目跟他們講到這段，謝震武他們就能感同身受，大概知道是怎麼回事。

走路到新竹？！

那時運氣很不好抽到野戰部隊，當兵地點在基隆。

通常一般的兵補進去得先去師部熟悉一個月，但是因為我們那個部隊很久沒補兵，所以身為第一批補兵的我們就很倒楣，進去時因為下基地缺兵，所以我們只在師部待了兩個小時就走了，第三天就開始行軍走

路。

剛進部隊時，班長說三天後要走路走到新竹，我聽了當場傻眼，心裡只覺得很奇怪：為什麼要走路走到新竹？不能坐車嗎？

當我打電話回去告訴媽媽我抽到基隆時，媽媽說：「那不錯啊，不會太遠。」

「可是班長說要走路走到新竹。」

我媽才說：「啊……那糟了！」

當下我只覺得很無力，但是什麼也不能做，就等著接下來的指令。

痛苦的行軍

緊接著，我們開始行軍走路。

第一天走的時候，發現行軍真的比想像中痛苦、累很多。背一個背

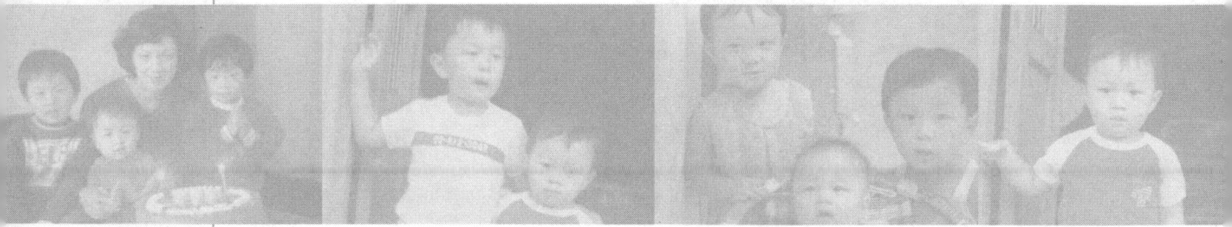

包就二十幾公斤，一把槍四公斤，軍服的衣袖褲尾又都密不通風地包得緊緊的，在那樣酷熱的天氣裡，真的很吃不消！

當時好像是凌晨四、五點就出發，不知道連續上坡了幾公里，因為太菜沒經驗，水壺裡的水四個小時就喝完了，渴得不得了。我還親眼看到同梯的一個阿兵哥走著走著無神地晃了二、三十秒，然後就以垂直的角度直挺挺地倒下去。

就這樣一直從基隆往新竹的方向走，走到第二天到十分寮國小的時候，部隊還辦了一個放天燈的活動，我的腳早痛得連走到廁所的路都快要走不了

● 軍中袍澤

了，但是第二天還是要繼續走下去，我只能兩腳張開開地以很怪的姿勢痛苦的走著，但走了一個小時後就跟正常人走路沒兩樣，因為都已經麻痺了。

我後來才知道原來以前學校教官說行軍時要穿絲襪沒有騙人，而且胖的人真的很可憐，大腿內側都摩擦得紅腫不堪，而我們這種瘦的人就是摩擦到屁股接觸背包的部分。

有經驗的學長們休息的時候都在纏繃帶，只要是腳部會跟皮鞋摩擦到的地方都要包，像我就會用化妝棉、有的人用衛生棉，不然連續走七八個小時會起小水泡，如果起了水泡第二天根本就沒辦法走，因為水泡一破就會脫皮，相當刺痛。

行軍的時候一個小時約休息十分鐘。就算沒辦法走，因為菜鳥沒有假可放所以還是得繼續，當然還是有些不在乎、擺爛的老兵，但是剛進

★第五天走到三峽，部隊放了2.5小時的假，我馬上叫台計程車直奔家裡洗澡……

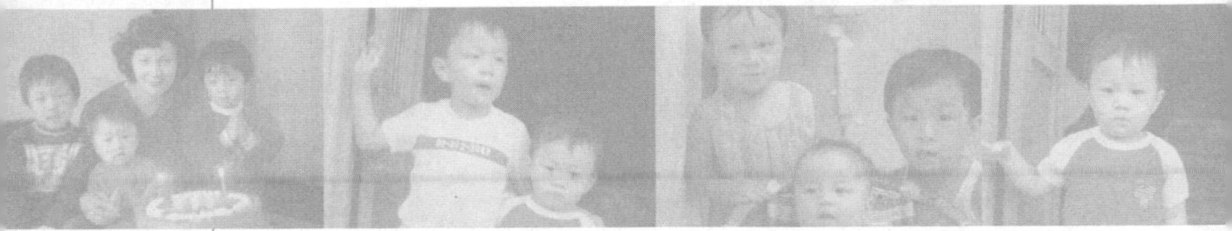

去的我們根本不敢造次，緊張得神經緊繃極了。

後來不知是第四還是第五天走到三峽的祖師廟，部隊讓我們放了兩個半小時的假，我馬上叫台計程車直奔家裡洗澡。

事後我弟還說我那天走時看起來眼淚都快要流下來了。奇怪的是回到部隊裡之後，我整個人就沒有那麼緊張了，因為至少有已經回家過的滿足感覺。

就這樣連續走了好幾個月，除了酷熱難忍又不能洗澡之外，就算是下大雨的時候穿雨衣也沒什麼用。有時候下個十分鐘大雨，雨停了脫掉雨衣，十分鐘後又下，這樣穿穿脫脫真的快要煩死了，反正不管怎樣全身老是濕答答的。

● 當兵大頭照臭著一張臉，實在是開心不起來

通常山路的兩邊有兩條白線，我們是沿著兩側走，休息的話就是直接坐在那兩側白線的裡面，背包還不能脫掉，老兵比較厲害除了敢把包包往後靠，還會偷抽菸幹嘛的，我們這種菜鳥就不敢。

如果走到一半想上廁所也很不便，像我有一次走到一半肚子突然痛得不得了，周遭沒有地方可以掩蔽，但是痛到實在沒辦法、已經受不了了，只好躲在類似像停車場兩台車子的中間拉，還可以看到別人，上完後又趕緊跟上隊伍。

變態的是走到後來，長官會下很多指令，最嚴苛的指令是下午兩、三點時的毒氣指令，意思是說有毒氣要戴上防毒面具。

沒戴過的人不知道那種痛苦，那種感覺就像吸不到空氣一樣，即使使出吃奶的力氣用力吸，都才只能吸到一點點空氣。

因為它有一個濾毒罐，空氣會從濾毒罐進來，再加上你還要走路，

★積水深度及腰，五百多人涉水而過，好死不死前方五公尺之內開始打雷……

運動時消耗的空氣更多。就這樣戴著面具一個半到兩個小時，真的很痛苦！

所以大家走到後來都會一直左顧右盼，看一看如果沒人注意，就會趕緊把面具拉起來大吸一口氣再拉回去、拉起來吸一口氣再拉回去……一直重複這樣的動作才能走得下去。

等到指令結束後，每個人把防毒面具拔起來，頭、臉全部都是溼的，真的跟神經病沒兩樣。

恐怖經驗

有一次當我們走到新竹山上，突然下起大雨，可是因為身處野外完全沒有遮蔽的地方，大家都不知道怎麼辦，便暫時靠在路的兩邊休息。

休息半小時後雨還是一樣瘋狂地往我們身上潑灑，大家就只能硬著

頭皮繼續走。

走沒多久之後，前方有片深度及腰的積水，我們全部大概五百多人就涉水而過。

好死不死的前方不到五公尺距離之內開始打雷，「劈啪～」幾聲打下來，背無線電的阿兵哥ㄘㄨㄚˋ到不行，全部的人也都很緊張，因為如果雷電打到水，那種近距離之下，大家都一定死得很難看。

好在後來還是有驚無險地順利通過水塘。

我印象最深刻的就是那個晚上，因為一路上烏漆抹黑地伸手不見五指，走到凌晨一點我忍不住想著這輩子大概就今天最痛苦吧！

然後想到我的家人、朋友們這時都在家裡看電視，我竟然在這裡走得半條命都快沒了。

走到營區的時候已經是凌晨兩點了，那個廢棄營區真的很恐怖，沒

水沒電陰風慘慘。

要睡覺的時候，我跟學長被分配到靠窗戶的地方，但是那些窗戶或門完全沒有遮蔽，充其量只是幾個大洞。

當我們把溼透的褲子脫掉，內褲裡面全部都是土，再加上因為之前路上的積水，載著行李、睡袋的車子無法通過，我們只能把雨衣鋪在地上、躺在雨衣上面，一人蓋一張報紙睡覺。

雖然因為已經走了十幾個小時，身心疲憊地很想好好睡一覺，但是因為門窗毫無遮蔽，夜風一直灌進來，冷得大概抖了一個小時才睡著，睡了一個半小

●軍中袍澤

時又被挖起來繼續走。

所以誰不感冒、誰沒香港腳？不可能的！

走出妄想症

因為行軍時又熱又累，當我們走到後期，在身心疲勞的壓力下，常常會走著走著走出妄想症來。譬如在很熱的時候經過一個池塘，一晃眼就會看到自己在裡面游泳；經過蘋果樹或西瓜田的時候，還會看到自己在那裡吃蘋果、啃西瓜……那種幻影真的很明顯而真實呢！

適者生存的變通道理

我們在一路行軍的過程裡，一開始總覺得很奇怪，背包明明重得讓

★投機的小方法根本不是我們這些菜鳥可以想到的，老兵果然很聰明！

人喘不過氣來，為什麼老兵都看起來很輕鬆？

結果偷看他們的背包，裡面並不是像我們那一包將衣服、內衣、內褲、襪子壓得很緊、綑成四方形的包裹，取而代之的是用厚紙板圍成的空間，裡面只有飲料跟麵包！

原來老兵們會多買一個睡袋袋子，然後把那些衣物都丟在裡面、綁起來，還可以多放幾件衣服，等到紮營睡袋送到營區時，就有多的衣服可以更換，多的乾糧和飲料可以補充體力。

這些投機的小方法根本不是我們這些菜鳥可以想到的，老兵們就說：其實你們也可以這樣做啊！學到了這一招之

● 爸爸年輕時可是個帥氣的憲兵喔！

後，後來的行軍過程果真輕鬆不少，沒有什麼太大的問題。睡袋裡面多放的那些巧克力、糖果、小肥皂……也讓很多事情變得方便許多，不會那麼可憐。

老兵果然是老兵，真的很聰明！

感謝機車連長

還記得我們連上的連長能力很強，所以對我們做出的要求也都相當精準嚴格。像那些大頭兵電影一樣，他常常在我們洗澡的時候下三分鐘集合指令，根本就是不可能的事。

還常會實行「連坐法」，比如我們三個兵加一個班長是一組的，如果有一人犯錯，連帶著四個人都要罰站，甚至排長、副排長、副連長、輔導長都要罰站，所以晚上七點到九點就會看到一群人在罰站。

★不管是體能或紀律他都會分標準，資歷越深，要求的標準也就越高……

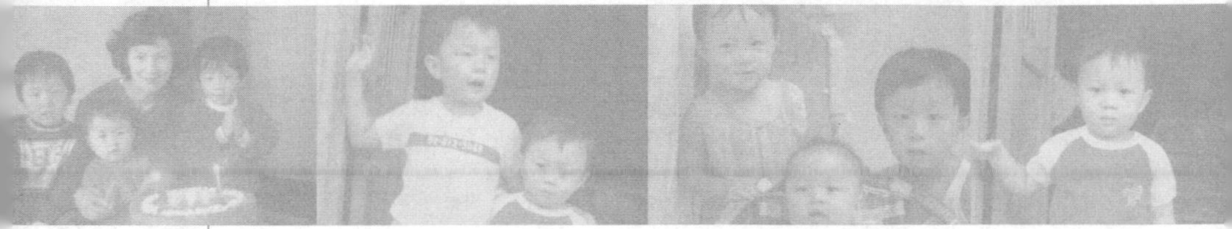

而且罰站是全副武裝地帶鋼盔、S腰帶、防毒面具和槍，連長不定時都會出來檢視，所以不能太隨便瞎混。

當時我負責作戰的一些文件資料，有一次連長指示我去把地圖拿來，我就去拿了地圖放在他桌上，他就說：「你去罰站半小時。」我當時覺得真的很莫名其妙、一頭霧水，「奇怪了，不是你叫我拿地圖來的嗎？！」

可是當下我也不敢問他，就真的去著裝，全副武裝之後，又不甘心去找連長：「報告連長，請問我為什麼要罰站？」

「我叫你拿什麼進來？」，「報告連長，是地圖。」「對啊！那你怎麼沒有幫我攤開來？」

哇拷～他是皇帝嗎？我就因為這樣罰站了半小時。

連長是一個賞罰分明的人，也相當重視體能。不管是體能或紀律他

都會分標準，兵級或資歷越深，要求的標準相對地也就越高。

所以老兵在各方面都應該要做得更好。像我們如果犯了什麼錯，他一定會先集合老兵痛罵一頓，在這一點我倒是很贊同。

我記得有一次他要被調到師部去，我們連上全部的人私底下都好高興，覺得好日子終於要來了！結果當他被調走那天一走出營區，我們全連的人都大聲歡呼。

沒想到一個月後，因為被新環境的其他軍官排擠，再加上我們副連長的能力比較差，所以他不得已又被調了回來，全連就又陷入愁雲慘霧的狀態。

不過沒過多久以後，他又被調到一個步兵軍校當教官，而我從他走了之後就沒有再被扣過假，在軍中的日子也變得輕鬆許多。

但是相對來講，他在的時候連上真的很強盛、體能都很好，也都真

的有作戰能力。之後再換其他的連長來就比較混，整個連也都像一盤散沙般。

所以雖然那個機車連長讓我們因為各種原因扣了一堆假，讓我們恨得牙癢癢的，但是退伍之後，那麼多個連長，我唯一記得的也還是他。

而且現在想一想，如果我是個國防部長或三軍統帥，我也會希望全部的軍官都能像他一樣嚴格地管理領導，部隊才可能強盛得起來。

日本白馬旅館前合照（左四：弟弟、後中：我、右三：媽媽）

歡樂回憶金筆獎

當然我當兵的時候也有很快樂的時光，那就是下了部隊後碰上國軍中的金筆獎。

金筆獎是國軍中包含了寫文章、歌詞、寫歌……之類的藝文創作獎項，陸海空都會派人去參與這項大賽。

我很幸運的被我們師部選上，被派到師部去集體創作。當時我還說服文宣官讓我帶一個很要好又很有文筆才華的學弟一起前往。那是一段像在天堂般的生活。

文宣官的人很好，知道我們這些藝術創作的人不太需要被拘束，所以不太管我們。

我們分成文字和音樂兩組，文字組的人因為還有廣播劇之類的東西要創作，所以要寫很多、比較辛苦。

★我還說服文宣官讓我帶一個很要好又很有文筆才華的學弟一起前往。

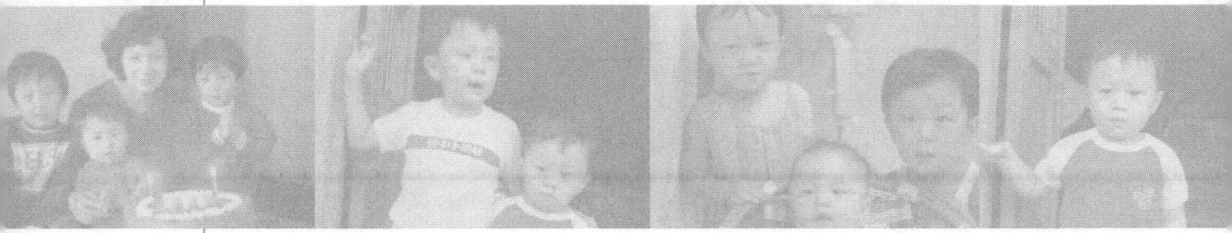

而我們音樂組的因為要先有文字出來，我們才有辦法填曲，再加上我的樂理觀念很強、創作速度很快，所以輕鬆許多，常常在那裡打混。

我記得過了一兩個禮拜混習慣了之後，因為我們可以出去吃飯，所以幾個人還偷溜到附近的八仙樂園玩。

當部隊晚上十點鐘睡覺的時間一到，我們也不會回規劃區睡覺，都帶著睡袋到師部集體創作的卡拉ＯＫ室去，從十點大家睡覺的時候開始打撲克牌到天亮，第二天六點起床號後我們就開始睡覺，睡到十點起來看ＮＢＡ（那時喬登還在）。

吃完午飯後，又睡午覺睡到下午四點起來打籃球、洗澡、去外面吃個飯，再回來繼續聊天、玩牌。

就這樣過了一個多月的愜意生活。

好玩的是全師最後只有一個人因為寫廣播劇得獎，就是我那個學

弟！

雖然我沒有得獎，但是能這樣和同袍消磨快樂時光，已經是非常開心又難得的事了，得獎與否倒真的一點都不在意。

這個學弟現在在夏威夷唸碩士，加上我們當時在師部認識了一個別營的朋友，每次學弟回台灣時，我們都還會保持聯絡，是段很難得的友誼。

● 《陶笛奇遇記》記者會現場和喜愛陶笛的小朋友們合照

打不死的堅強

為什麼我提到當兵總是可以講很多東西？因為當兵時所承受、經歷

★感謝上帝安排這段路給我走，也許沒有這樣的經歷，我現在就不會成功。

的苦真的很大也難忘。但是這樣的歷練也讓我現在不管遇到什麼困難或挫折，都覺得不會比以前在軍中要撐兩年來得痛苦。

只要這樣想，我就可以調適得很快，如果遇到真的一時無法解決問題時，我可能會躲個一兩天好好沉思一下，然後想盡辦法解決，抗壓性變得比一般人強很多。

而且我的個性是如果提到一件事，就代表我一定會去做，而非只是講一講而已。

我弟弟的個性就跟我相反，他是那種你要講好多次他才會去做的人。他的步調很慢，而且當兵時很幸運抽到國防部，所以他從當兵到退伍都沒戴過鋼盔，我們卻是每天戴十幾個小時的鋼盔，戴到快禿頭。

像我的很多同學就是去藝工隊，或是因為刻意減肥或增重不用當兵。所以我有一段時間看到那種替代兵役或不用當兵的人就很不平衡，

那種不平衡不只是因為肉體上的折磨，還有因為兩年下來的經濟狀況就差非常多。

後來我比較不會這樣想的原因是因為我當兵後真的變了很多，那種改變是正面的，所以我現在還會感謝上帝安排這段路給我走，也許如果沒有這樣的經歷，我現在就不會成功。

但是說真的，如果要我再過一次這樣的軍中生活，就算給我一億元，我也打死都不要再經歷一次了。

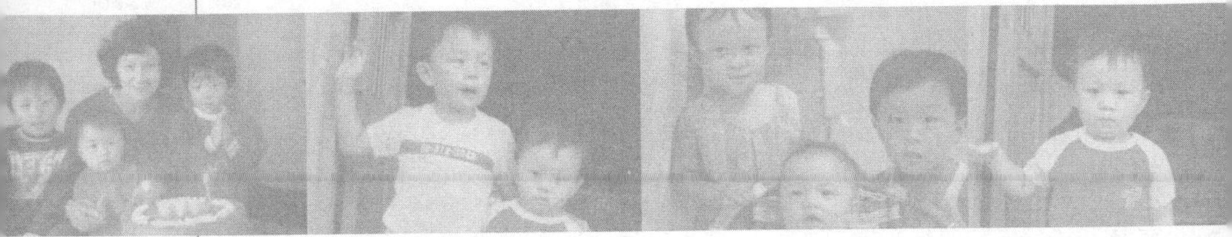

陶笛阿志——游學志的陶笛王國

Part 2

糊塗樂手奮戰記

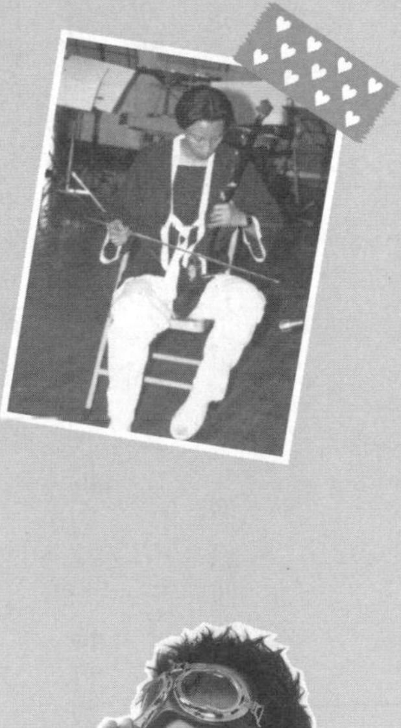

老實說，
當時我對音樂並沒有太大的興趣或熱忱，
純粹是因為一群同班的死黨都參加了國樂社，
才糊裡糊塗地一起跟著去。
現在回想起來，
那段過程對我來說還滿痛苦的。

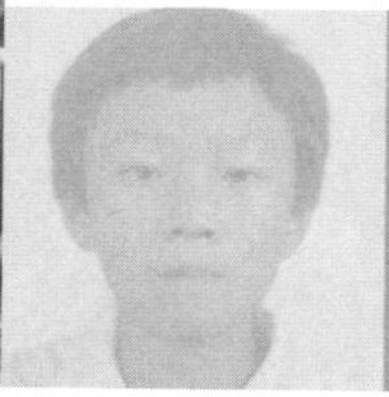

二胡、陶笛奇遇

我小學念的是埔墘國小。小學四年級時，我參加了學校的國樂團，開始接觸二胡這個樂器。

老實說，當時我對音樂並沒有太大的興趣或熱忱，純粹是因為一群同班的死黨都參加了國樂社，才糊裡糊塗地一起跟著去。現在回想起來，那段過程對我來說還滿痛苦的。

指導我們二胡的老師很嚴格，他會拿一種竹製、前端有兩片鐵片作成青蛙型的響板在我們後面「ㄎㄧㄚ ㄎㄧㄚ」地打著拍子走來走去，他只要走到我身後我就會很緊張，一拉錯他就會ㄎㄧㄚ一聲往我身上重重拍下去。

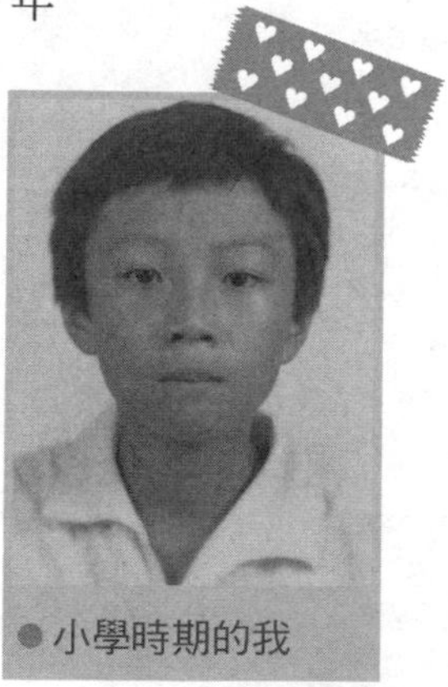

小學時期的我

★我第一眼看到體積小卻能吹出嘹喨音色的陶笛便愛上它了，開始瘋狂蒐集……

對陶笛一見鍾情

我承認自己的二胡拉得很爛，五音不全的聲音不要說自己沒辦法忍受，連家人都經常受不了地想奪門而出。

後來經過一段時間練習，我的技巧慢慢愈來愈進步，但卻始終是國樂團裡最差的那一個。

在老師的眼裡，他覺得我並非是個可造之材，因此從未寄望我會有多出色的表現，那種被師長放棄的心態，至今想來都讓我覺得很受傷。

到了五年級時，國樂社要代表學校去比賽，第一次我並沒有被選上，直到六年級對外比賽那一次，老師才勉強讓我參加，可能是覺得我都已經在樂團裡待了三年了，不讓我參加好像有點可憐，我才終於有機會踏出第一步，用音樂來表現自己。

但人生際遇很奇妙的是，在高中畢業後某一年，我和當初國樂團的

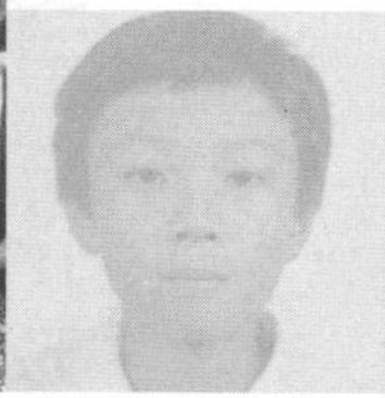

首席樂手又重逢了，只是我沒想到我們見面的地點竟然會是在殯儀館的喪禮上，因為他也是當天告別式樂隊的一員。

雖然這種狀況出乎我意料之外，但我可以肯定的是，現在我的二胡技巧絕對是在他之上，不過這也顯現出國樂手對人生前途沒有太多選擇的無奈。

由於學習國樂的關係，我曾經南下高雄跟民俗音樂家郭慶榮請益，想要學習另一種樂器「鉅琴」；剛好那時候郭老師正在研究陶笛，我第一眼看到這個體積小小、卻能吹出嘹喨音色的樂器便愛上它了，拿起來把玩後更是愛不釋手，從此開始瘋狂蒐集各式各樣的陶笛，更走遍全省各地觀摩，想要多了解關於陶笛的東西，當時家人好友都認為我對陶笛的狂熱就像瘋子一樣。

★我發現華岡藝校有很多漂亮女生，因此就憑著一股傻勁去報考了……

誤打誤撞進華岡

當初會去考華岡藝校自己想來都覺得好笑。

國中畢業面臨升學的十字路口，我才驚覺自己對未來並沒有什麼明確的目標或藍圖。決定考華岡藝校也只是因為好奇，想先考上一個學校再說吧！

華岡藝校時的我

而且剛開始我並不知道原來報考藝校需要考術科，自己的二胡也沒學得很精，從小學畢業後就很少再去碰了，充其量只有一點點音樂底子而已。

但是我發現華岡藝校有很多漂亮的女同學，這對當時懵懂的少年如我，可以說是一個相當激勵人心而振奮的誘因，就這樣憑著一股傻勁去

報考了。

硬著頭皮去報考華岡藝校音樂科之前，我只去惡補了三堂二胡課。

還記得老師很兇、很嚴格，害我上課的時候「皮皮挫」，好在只是短期的課程。

在考試開始前幾天，媽媽帶著我去看考場。

印象中只覺得學校怎麼那麼遠，坐了好久的車都還沒到達目的地，而且到了現場一看，覺得華藝當時的校舍真的小到不行，好像鐵工廠一樣，跟一般學校寬敞的環境有天壤之別，真的是間奇怪的學校！

那就是我對華藝的第一印象。

後來到了考試的那一天，我只憑自己會的基本樂理和基礎二胡技巧去應試。

寫完考卷、應試完之後，我只有一個感想——我大概是考不上了。

可是華藝的學姐一直鼓勵我，說其實華藝很好考，我一定考得上，我才稍微安心一點。

之後收到成績單時，看到自己有備取資格，我除了非常高興之外又感到很不安，找了兩個國中同學陪我去看榜，心裡緊張地一直禱告，好在我的擔心是多慮的，當我在黑板上看到自己的名字時，我真的開心得不得了！華岡藝校的生活也就此展開……

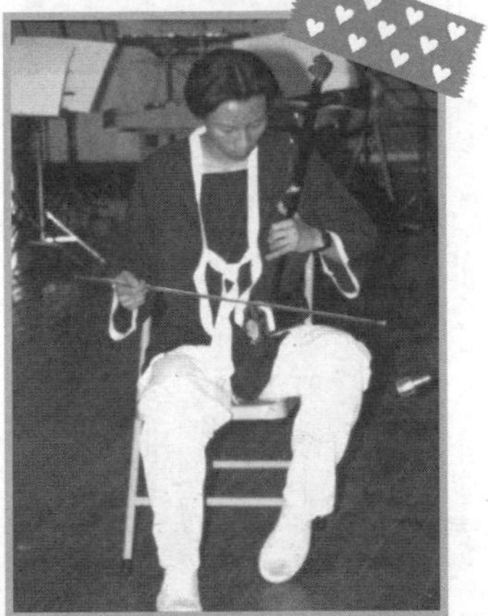

●阿志在華岡藝校拉二胡時的模樣

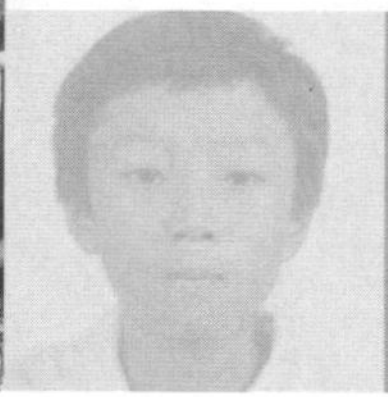

「風雲人物」與戀愛無緣

剛進華藝時，我的身高只有一五八公分，但是畢業時已經長到一七四公分。而原本不擅於表達的個性，到了高中以後也才有明顯的轉變。

我記得從高二那個學期開始，可能是因為常在籃球場上馳騁、飆球技，還有二胡拉得還不錯的關係吧！我經常收到來自不同科系女生的情書，但是那時候我正暗戀一個學姐，所以對其他女生的主動表白，我始終無動於衷。

那些追我的女生都很優秀，包括現在在主持界和戲劇界表現非常優秀的女藝人，但是直到現在我都沒有後悔過，因為我知道當時自己要的是什麼，一但認定了目標，我就很難再去接受別人。

「太過執著」這一點對我來說，可以算是我的優點也算是我的缺點，儘管我和那個學姐不可能有結果，我還是努力了好久才說服自己放

★不管是在生活、交友或整體而言，這輩子在華藝的生活是最快樂的！

棄，可是當我回過頭主動追當初那些對我有好感的女生時，通常人家都已經有男朋友了，我也就這樣錯過很多唸書時期談戀愛的機會。

不過在華藝那段日子，校園裡戀愛風氣盛行，那種酸酸甜甜的暗戀、被戀的滋味，和很多難忘的精采畫面，現在偶爾想起還是不禁會莞爾一笑，那真的是這輩子最單純、最開心的時光。

最快樂傑出校友獎

雖然現在的華藝已經跟一般的高中差不了多少，但是在當時，華藝的校風相當開放、自由，和大學一樣，只要沒有

●第四張專輯《陶笛飛行船》的帥氣飛行員造型

課就可以外出吃東西、穿便服。

在華藝唸國樂科的時候，老實說我並不是很愛唸書，混得還蠻兇的。

但是我很感謝師長們不會給我太大的壓力和苛責，或許也因為他們了解揠苗助長對學藝術的學生們並不是最好的教育方式，所以還蠻能體諒我們好自由的個性和多元化發展的情況。

而華藝的很多風氣是當時很多其他學校無法建立、比擬的，所以不管是在生活、交友或整體而言，我想這輩子在華藝的生活應該是最快樂的！

華藝求學時期，在同一個校園裡、而現在在演藝圈較知名的學弟妹有小我一屆的大炳、SOS姐妹、阿雅、許瑋倫等人。

國樂科知名的藝人不多，想得出來的就是林隆璇了。

而且今年很榮幸的，我和林隆璇都獲頒華藝的傑出校友獎，我很開心的原因有兩個，一是因為我是今年傑出校友獎裡最年輕的校友；二就是因為我覺得在華藝得到這個獎很不容易，因為優秀的校友真的很多，所以能夠獲得這樣的肯定和支持，對我而言無疑是一種更大的鼓舞和向前邁進的力量之一。

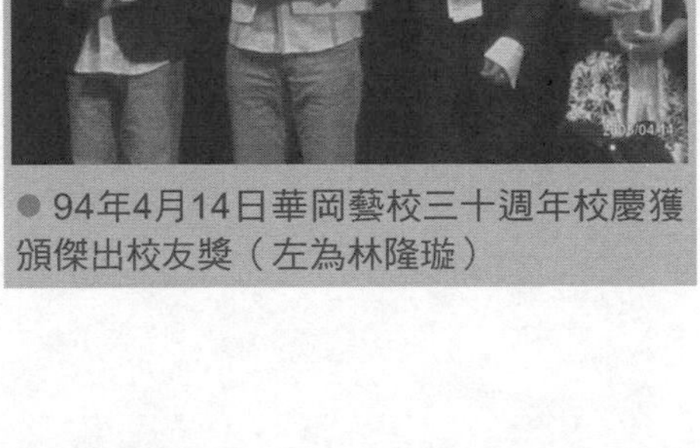

● 94年4月14日華岡藝校三十週年校慶獲頒傑出校友獎（左為林隆璇）

Part 3

快樂比金錢更重要

我是個標準的牡羊座男生，
所以認識我的人都知道我個性很直率，
做事的態度也喜歡直接、不拐彎抹角；
有什麼話當面溝通說清楚，
達到一個共識之後就去執行，這樣會比較快也比較有效率。
曾經有個老師對我說，他的人生哲學就是個「懶」字，
以前我不太懂這是什麼意思，但是經過了一些社會歷練之後，
我現在終於了解他的道理何在。

關於我自己

訂定目標就去執行

其實很多事情都是這樣，如果能夠事前詳細規劃再去執行，犯的錯誤就會少一點；也就是說，如果事情能夠一次做好就做一次，而不要花許多無謂的時間重複在同一件事情上面。

這個觀念影響我很深，所以在每次執行一項事務前，我都會先去評

● 92年4月4日《陶笛奇遇記》記者會現場指導主持人黃嘉千演奏陶笛

★每次執行一項事務前，我都會先評估有沒有做的必要，或是成功的機率有多少。

估有沒有做的必要，或是成功的機率有多少，如此一來，不但出錯的機率比較小，也不會花太多時間在無謂的修改動作上面。

這種態度在我的音樂、事業經營上也佔了大部分的影響力，所以我去做的每一項決定都是對未來有幫助、或者是真的有興趣我才會動手去執行。

尤其我覺得當人生走到一種階段的時候，自信心提升到一個層面後，判斷事情的準確度都滿精準的，做選擇時也會比較果斷，就算到後來發現自己的決定是錯誤的也不會後悔，頂多提醒自己不要再犯，而不會陷入無意義的自責當中。

家人至上

陶笛改變了我的人生，但家人永遠都是我不會改變、努力往前的最大動力。

因為小時候家裡經商失敗的關係，有一段時間我和家人必須各自居住，那種家庭被迫分裂的記憶成了我心中永遠的痛，所以現在我們全家人都很珍惜重聚的時光，彼此的感情也都很好。

4歲時全家同遊陽明山（由左至右：哥哥、爸爸、上－弟弟、下－我、媽媽）

在我能力所及的範圍內，我做的每一件事永遠都是想讓家人過更好、更無虞的生活，而這也成了我在工作上打拚的最大原動力。

很多朋友都會虧我錢賺太多，太像拚命三郎，但也許是小時候的環

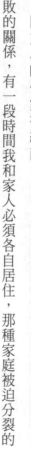

★我做的每一件事都是想讓家人過更好的生活，而這也成了我打拼的最大原動力。

境帶來的不安全感，所以只要我有能力打拚的時候，我絕對不會停下腳步，為了我的家人，也為了我的音樂夢想。

影響甚深的心靈導師

每個人都有開心和不開心的各種情緒，當然，我也不例外。朋友在我的人生中也算佔了滿重要的角色，每當有煩惱想不通時，找朋友聊聊也許就能讓你豁然開朗，得到不一樣的智慧。

我的個性大剌剌的，一遇到事情總是在當下第一時間就爆發情緒，但是朋友常會

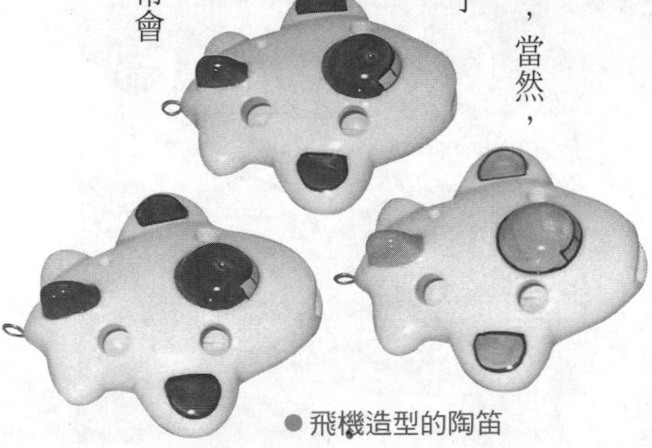

飛機造型的陶笛

跟我說：阿志，你不可能讓全世界的人都愛你。我左思右想覺得這句話真的很受用，不止是對我，對每個人來說其實都一樣。每個人活在世上總會遇到一些不公平、無法被滿足的事情，所以現在我都會用這句話來省思，勸自己凡事看淡一點，不要鑽牛角尖，這樣一想之後心情也會舒坦一點。

另外，有個亦師亦友的好朋友對我而言也非常重要。他是修琵琶的師傅李榮華，李師傅常在修琴的過程中悟出很多道理，每次跟他聊天

★每當有煩惱想不通時，找朋友聊聊也許就能讓你豁然開朗，得到不一樣的智慧。

後，我覺得對自己的人生方向和許多觀念都會有所啟發。有一陣子我甚至想跟他學修琵琶的技術，只是後來發現那項技術必須要手很巧才行，我才打消這個念頭。

另一個對我影響很深的人，就是全台灣手工製作陶笛的第一把交椅——李生鴻先生。我的個性比較衝，有時候想到一件事就會急著去做，但他都會適時拉我一把，勸我先把方向想清楚再去執行，所以我非常珍惜他跟我說的每句話每個字。他對提升商品的品質有著很精闢的見解，每當我感到困惑時常會去找他解疑，有時不知不覺就聊到了天亮。對於有這些如此有智慧的心靈導師，我真的覺得自己很幸運。

逆境培養生意頭腦，快樂比金錢更重要

因為家裡曾經遇過經商失敗的關係，讓我從小明白錢不是萬能、但沒有錢卻萬萬不能的金錢觀。我現在會一直動腦筋賺錢，坦白說也是因為家裡需要錢度過難關的關係，但是我並不喜歡被定位成生意人，所以比起被顧客叫老闆，我更喜歡人家叫我「阿志」或小朋友口中的「阿志哥哥」。

我認為金錢絕對比不上家人的感情來的重要，所以今年我將所賺來的錢毫不猶豫地拿出來將家裡翻修裝新，這幾乎花光了我這幾年所有的積蓄，但是看到家人開心的樣子，我對於能夠給家人一個穩固的家也感到自豪，所有的辛苦跟不捨也全都拋到腦後去了。

而且我賺錢、存錢的速度很快，所以並不擔心未來的日子。

現在我家裡整頓照顧好之後，下一個階段就可以開始做我自己的事

★我花錢時經常只爲了滿足一個「爽」字。只要當下做那件事是開心的，一切就都值得了。

情，但是還好我自己現在是很滿足的，我不會想賺非常多錢。

像現在有很多人找我去大陸投資，我覺得那種狀況不是死得很慘就是會大賺一筆。

但是我覺得我不能倒下，再加上如果要去大陸發展，相對地就得放棄很多事情，比如說音樂、教學……也許去會賺到很多錢，但我覺得我不會快樂。

雖然現在的生活有點累，可是至少可以做自己想做的事情，這樣的我是快樂的！

所以我選擇留在台灣繼續發展。

● 我帶新竹虎尾國小的小朋友們去九份店參觀、吹陶笛

我不是一個很計較錢的人，很多時候花錢只是為了滿足一個「爽」字。就像看到家人、小朋友臉上的笑容，和自掏腰包飛到希臘去為中華隊國手加油一樣，只要我覺得當下做那件事情是開心的，一切就都是值得的。

陶笛阿志—游學志的陶笛王國

Part 4

人無「癖」不立

二○○四年希臘奧運，
陳金鋒「ㄆㄤ」一聲打出全壘打時，
一時之間沒有人歡呼，
因為全部的人都愣住了！
等大家回過神來時，
激動到就算不認識的人也都高興地
抱在一起一直跳……

減壓方法——旅行、音樂

隨著在工作上的成績愈來愈好、愈來愈忙碌，排山倒海的壓力也就跟著而來。

通常我調適心情的方法有兩種，一是出國散心遠離煩人的問題，再不然就是先讓自己冷靜下來，把事情從頭到尾想一遍再找出解決的方法，或是藉由運動來抒壓。

當然，我覺得愛情這部分也會帶

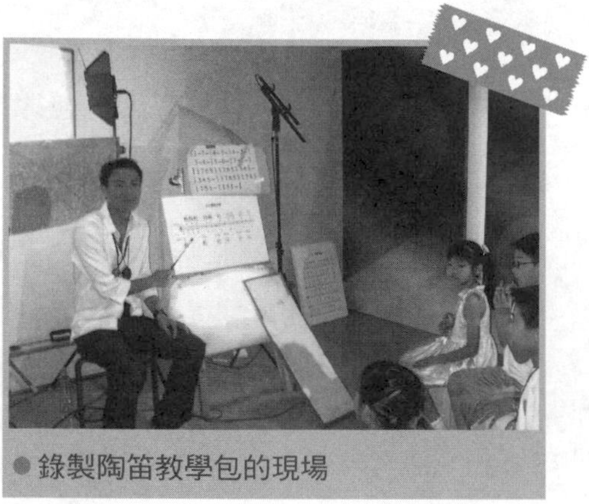

錄製陶笛教學包的現場

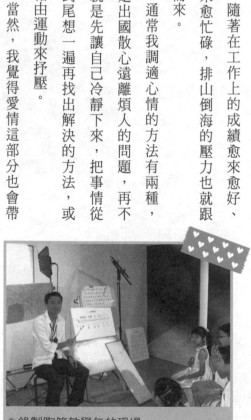

★我的瓶頸期大概一年會發作兩次，尤其遇到專輯製作，無奈跟煩累的心情都會很明顯。

給自己動力，我認為不管男生女生都一樣，在談戀愛的過程中，從暗戀到進一步發展都會有不同的感觸或心境，就像燃燒的小宇宙一樣，讓我能將壓力轉換成動力去往前衝，這一點在牡羊座的我身上尤其明顯。

我的瓶頸期大概一年會發作兩次，尤其遇到專輯製作那段時間，一堆無奈的心情跟煩累的心情都會很明顯，但是我調適自己的時間很快，最快三天、最慢一個禮拜情緒就會過去。

當然，現在我多了一個發洩管道，就是藉著吹陶笛來舒解自己的心情，心情好的時候我會吹輕快的曲子，哀傷的時候則會選擇慢一點的曲調；在還沒接觸陶笛之前，一遇到難過的事我也會將自己關在房裡好久，悶著頭拉二胡，也不開燈，家人都覺得我的行為很怪，像個瘋子一樣。

但是現在只要一聽到陶笛優美的旋律跟音色，所有的煩惱不愉快情

緒立刻就能一掃而空。

我平常不抽菸、不喝酒，連時下年輕人喜歡的夜生活如去舞廳跳舞，我也是興趣缺缺。有一次朋友約我去舞廳，我當時因為環境實在太吵受不了而提早回家。那一次的舞廳經驗讓我馬上就知道這不是我想要的。

★我從以前就一直很想去看奧運，但是因爲種種因素始終無法成行。

最難忘的雅典奧運

球員當不成　改做球迷

棒球和運動是我相當樂此不疲的興趣。我喜歡運動，只要是球類我都很有興趣。而且運動對我幫助很大，像吹陶笛需要很大的肺活量，運動就是很好的訓練。其實我曾去考過體院，那時才一五〇公分，去了就知道沒希望，沒關係！球員做不成，我可是個超級棒球迷。

最喜歡打棒球(翠峰湖畔)

很多音樂人很寶貝自己的手，不能做這不能做那，我才不信那套，我不會因為要寶貝手就不去打球。我們家三兄弟都很喜歡運動，每天晚上八、九點如果有空，都會相約去打籃球，打到十一點才回家。平常如果有職棒轉播也盡量不錯過，準時守候在電視機前觀看。

以前沒那麼忙時，我會跟著兄弟象隊跑，若在台中比賽，我會坐火車下去看，尤其是冠軍賽，一場一場跟著跑。我跟兄弟象的啦啦隊混得很熟，也寫了一、兩首歌給他們，若我有去加油，就會在球場上吹陶笛慰勞大家的辛苦。

最近大家都瘋王建民，我也不例外，家裡有裝小耳朵，只要是王建民上場，不管多早，我都會爬起來看。之前我去日本看中華隊打亞洲棒球錦標賽時，就知道王建民以後一定會是最厲害的，果然他成了台灣之光。身為棒球迷，我真替他感到高興。

如果人臨死前，腦海會閃過這輩子經歷過最難忘的事，我相信自己躺下去的那一刻，閃過腦子的一定是二〇〇四年雅典奧運的畫面。我到現在都還會回想起陳金鋒擊出全壘打、朱木炎飛踢對手的那一幕，這是我這輩子最無法忘記的回憶。

我從以前就一直很想去看奧運，但是因為種種因素始終無法成行。去年八月剛好有一個陶笛總決賽，但是這次我努力跟公司爭取，說我實在太久沒有休息，也就這樣「盧」到公司同意放行，才終於實現長久以來的願望。

雅典奧運分為A、B兩個加油團。自費參加的觀眾分為兩種：一種是看前面五場，另一種是看後面五場。

百分之八十的人都選擇後面的場次，因為大家都覺得應該打得進決賽，自然都想看精采的部分，我也不例外。我還花了好幾千元做了加油

的道具，是十二支陶笛形狀的大紙板，每個陶笛板上都寫一個字，寫的是「陳金鋒、陳致遠、彭政閔，全壘打！」共十二個字。

可是當我開車去機場的路上，收音機剛好在轉播中華隊對義大利那場，只要那場贏了就可以進入決賽，但是我們輸了。到了機場後發現大家的臉都臭臭的……

全場呆愣！

抵達比賽現場時，因進場不能帶任何東西進去，只能用自己的聲音喊或是以啦啦棒加油，而第一批過去的加油團員，大家都已經有氣無力，喊到沒聲音。我看不下去大家這樣群龍無首、對選手起不了鼓舞作用，就起來帶頭喊出好大一聲「中華隊」。

★我喊完之後，還可以聽到自己喊的「中華隊、中華隊」的回音傳回來。

由於場地很空曠，我喊完之後，還可以聽到自己喊的「中華隊、中華隊」的回音傳回來。當場大家都愣了好幾秒，全部的眼睛同時望向我，我自己也呆掉了，沒想到這一喊這麼大聲。過了幾秒，大家回神後，便很有默契地接了「加油」兩個字。

團員形容我喊的不只是聽起來大聲而已，還蘊含了那種要上戰場的士氣，殺氣很重！說也奇怪，後來大家都變得團結一致，之後只要我喊「中華隊」，大家就會跟著喊「加油」。

前往奧運球場加油

這次去看奧運真的獲得很多，那些為中華隊加油的啦啦隊員們真的

很辛苦、也有很大的幫助。說實在的，我們中華隊不習慣沒有人加油，如果棒球賽能多點啦啦隊，或是我們能早些到的話，搞不好就能打出好成績。

雖然我們的棒球沒有打進決賽，但還是令人印象深刻。尤其當陳金鋒打出那支全壘打時，「ㄆㄤ」一聲，一時之間沒有人歡呼，因為全部的人都愣了三、四秒！等大家回過神來時，激動到就算不認識的人也都高興地相擁歡呼。我跟緯來體育台主播蔡明里抱在一起一直跳，他也是自掏腰包，花十萬元親赴雅典為所有中華隊選手加油打氣。

跆拳道比賽時，有些國家的選手常會有小動作，裁判有時也很不公平，但是我們中華隊就是贏得紮紮實實，沒有任何不公或是違規的小動作。

後來唱國旗歌時，我們都很感動，全部的人都握著隔壁同胞的手，

一百多人還把緊握的手都舉起來，每個人都已經沙啞得沒有聲音了。

失聲一個月

因為我要負責喊，而飯店離比賽地點得花三小時，一天來回就耗去七小時，我乾脆拿被單睡在那，整整十天，我根本沒機會去shopping（逛街）。

雖然整個過程很累，天氣又很熱，坐的地方沒有棚子遮蔽，很快就曬傷了，但是因為認識了很多朋友，所以相當值得！

我可以充分感受到台灣特有的人情味，那時我才喊完一局，前方朱木炎及陳詩欣的爸媽泡的潤喉茶，以及其他人準備的礦泉水、喉糖、人蔘糖……等有助於喉嚨的東西都傳到我這裡來。

幾天下來，認識了很多很多好朋友，像知名作家藤井樹，我後來才知道他是很有名的作家，光是版稅收入，他賺的錢就比我多。因為聊得來，我當時還很豪氣地跟他說：「如果你的咖啡館缺錢，我可以投資你。」真是糗！

慶功宴時，我被大家「拱」起來發表感言，現在回想起來，那種感覺還是很棒、很感動。其實，去的啦啦隊成員，很多都是高社會地位者，我隨便舉個例子，裡面有一對老夫婦，他們的生活就是環遊世界看球賽，在去雅典前，他們才從溫布敦看網球賽回來。比起他們，我算是默默無聞的

2004年前往希臘奧運為中華隊加油

小人物，竟然可以讓大家只聽我的話，領導他們加油，實在很不可思議！

我也花了好幾萬元買了奧運周邊產品，跆拳道冠軍賽的門票與朱木炎、陳詩欣的親筆簽名我都留起來。回台灣後，聲音啞了一個月，那段時間無法教課，雖然花了很長的時間才讓喉嚨恢復，但我還是覺得此行太值得了！

同行的啦啦隊員都成了好朋友，其中很多好朋友都會來聽我的第一場音樂會，也因為革命情感，大家相約二〇〇八年還要到北京為中華隊加油。

Part 5

白手起家吹笛人

第一次拿到陶笛，我就連續吹了三、四小時，
沒想到小巧玲瓏的它會成為我
往後的最佳事業伙伴。
當初開店，
只是想推廣這個讓我愛不釋手的樂器，
雖然現在已經連開了三家店，
我還是不把陶笛當生意，
而是把它當成一個永遠的好朋友。

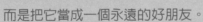

紅白場生涯

殯儀館求生記

遇見陶笛以前，我主修的樂器是二胡。

我很早就開始我的表演事業了，只不過那時的舞臺是紅白場，樂器是二胡。

紅白場本來是西樂隊的天下，在我高二時，國樂才慢慢興起。由於國樂聽起來莊嚴、柔美，很快地便於一片漫天價響的「砰、砰、砰、砰！」

在大陸胡琴製造師家

西樂器中脫穎而出，成功攻下市場。在華岡藝校時我主修二胡，當時有些紅白場子缺人時，就會找我們去幫忙，對高中生來說，三小時一千元的殯儀館樂師算是很不錯的兼差工作。

說實在的，學國樂的人出路很少，很多人都去跑紅白場。畢業後我開始教二胡與接場子維生，平均下來，一個月的收入也有四萬多元。

場子接久了，就會有心得。同樣是一千元，我接過最快的場子是十分鐘就結束，但只要碰到景福、景仰、景行等「景」字開頭的廳名就慘了。因為那是屬於大場子，不但累得半死，時間又拖得長。

殯儀館的場次時間分為七點到十點、十點到一點與一點到四點。按照場次時間來算，一個人一天最多可以接三場，這是最完美的狀況，但若接到景字開頭，光是早上的法事就從七點一直到十一點半，同樣領一千元，卻得花上兩場的時間，對我們來說真的很不划算。

做了一段時間後，老闆的事業愈做愈大，接了好幾個葬儀社的生意。我的人緣還算不錯，老闆請我幫他排班，一個人頭讓我抽五十元。

找人真的非常好賺。怎麼說呢？通常一場需要五至八位樂師，若以六個人來算，我一場就可以抽三百，一天若排四場，一個月就可以多了近四萬元的收入。而且自己排班也有好處，對於自己要接的場數與時間握有主控權，加上我原本的收入，當時一個月的收入可以衝到十萬元。

趕場送歸西

不過，遇到旺日，即好日子時，壓力就會很大，一天至少趕五場，需要動員三、四十人，所以我都會先做好準備，在旺日之前就先找好人。最怕的是有人睡過頭，有些葬儀社很「機車」，一個沒來就全部不付錢。如果遇到同一時段有五到七個場子要跑時，這時找人就變成一件

★我下定決心，以後創業絕對不能靠價格取勝，因爲那不是長久的經營之道。

很頭痛的事，這種情況我遇過三次，怎麼找都沒人，最後真的沒法子，找我弟和他的同學來充人頭，把他們排在樂團的最後面，裝裝樣子！

●三歲時在亞洲樂園的留影（由左至右：我、哥哥、弟弟和媽媽）

其實，經營這個行業真的很辛苦。我幫我們老闆算過，葬儀社跟家屬開的費用是一千八百元，送到老闆手上只剩一千二百元，扣掉給樂師的一千，老闆實拿兩百元。老闆的兩百元中還要再讓我抽五十，另外，還要負責買樂器、出車、油錢、回數票……等開銷，我這樣細數下來，大家就知道老闆根本不好賺。

從殯葬業領悟經營之道

我在跑場時，正是國樂的全盛時期，很多人跳進來做，當競爭者一多時，就會削價競爭，我還聽說有人一場只收七百元，打價格戰的結果就很容易產生劣幣驅逐良幣的不良效果，搞得後來市場大亂。看到這種惡性競爭的狀況，我那時下定決心，若以後創業當老闆，絕對不能靠價格取勝，因為那不是長久的經營之道。

雖然我脫離這個行業很久了，但常在媒體報導上，看到很多不錯的業者為這個行業加入創新的想法，讓現在的殯葬業愈做愈多元，愈有創意。其實這些業者都做了很久，印證了不管做哪一行，一定要長久耕耘，才有可能成功的道理。

人人稱我祭文王子

跑紅白場的時候，我每天回到家，
身上都是香的味道，聞到這個味道都會反胃，
連晚上睡覺時，耳朵邊都會聽到唸經的聲音。

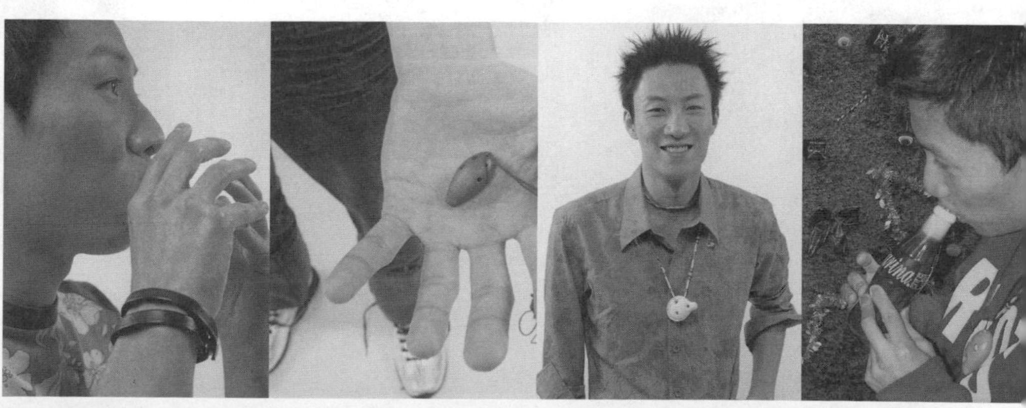

自己譜曲，自己演奏

在跑紅白場時，我就開始寫曲，嚐試放在裡面演奏，可能是天生的音感吧，寫曲對我來說並不是件難事。很多人聽了，都還以為是某某大師寫的曲子，聽起來還滿不錯的！

把遺體迎出來之後，師姐就會開始誦經，之後司儀會先進行家祭，這時，就該我們上場演奏。剛開始看到家屬哭得傷心，會有一種人生無常之感，心裡覺得難過。不過，後來場子接的多、看的多，就麻痺了。

當司儀在唸祭文時，電子琴會轉為輕彈，此時，二胡就

●四歲時和哥哥（中）弟弟（右）去亞洲樂園玩的合照

★殯儀館其他的工作難度都沒有樂手高，我們起碼要練五年才能出來表演，但地位卻是最低。

變成主角，從現場參加家祭、公祭的人，他們哭的程度就可以判斷樂師拉得好不好。

樂師生涯榮與悲

我二胡拉的還可以，尤其很會拉牽動人心最深處悲傷的那種悲愴的曲子，只要是我主拉的場子，現場家屬常常就會哭得不能自已，那時，大家還幫我取了「祭文王子」的綽號。家祭完後，師姐就會再出來誦經，這時我們就可以休息，等待公祭時間再演奏。

司儀是最好賺的工作，那些祭文、台詞只要練習兩個月就可以滾瓜爛熟，紅牌的司儀一個月至少有三十萬元的收入。在我看來，殯儀館所有的工作難度都沒有樂手高，我們起碼都要練五年以上才能出來表演，

但我們的地位卻是最低，這是很悲哀的事。

做了那麼久，我最不能忍受的是，樂師要去化妝室把遺體迎出來。不知是誰開的惡例，在儀式開始之前，整團樂師們要走到停放遺體的房間門外演奏，在音樂聲中，扶棺者會將棺木緩緩抬出，一直到棺木被抬到定位點為止。惡例一開，變成以後的人都得這麼做，否則家屬會覺得為什麼別人有，我們沒有。這種感覺很奇怪，我們是樂師，卻搞成好像送葬隊伍，每次在走那段路時，我的無力感都很重。

後來更誇張，演變成法事結束

在各種場合中指導小朋友們吹陶笛、推廣陶笛是我會一直努力的目標

時，樂師要走在靈車前，邊走邊吹，一直吹到門口直到靈車開走才算結束。若是在有火葬場的二館，我們還要吹到火葬場，火葬完還要再吹，等到家屬把骨灰罈送上靈車後才能走。

這個工作雖然很輕鬆，但還是會有些「副作用」。每天回到家，身上都是香的味道，有一陣子聞到這個味道都會反胃，你信不信？我連晚上睡覺時，耳朵邊都會聽到唸經的聲音。

在接過的場子裡，比較特別的有冥婚：女方過世，男方以冥婚完成婚禮。還有是夫妻一起出殯，聽說是一方先殺掉對方，然後再自殺。我最怕看到先生三十出頭走掉，留下太太與兩、三歲的小孩，或死者是二十歲上下的年輕人，看到父母親哭得肝腸寸斷，白髮人送黑髮人的一幕，真的會讓人鼻酸。

毛骨悚然！

還有一次我們去化妝室迎遺體時，裡面還沒完成入殮，我們就先在門外等，不曉得是不是在趕時間的關係，裡面亂成一團，竟然有人把蓋遺體的白布丟出來，「啪」一聲，就這麼好死不死丟到我的臉上。我回去後一直洗臉，雖然白布是乾的，但總會有心理作用，覺得臉怎麼洗也洗不乾淨。我把這段經歷講給大家聽，聽完的人都會哈哈大笑。其實我自己也感到實在太「幸運」了，剛好這麼巧就正中我的臉，現在回想起來，也會不由自主笑出來。

由於我們的樂器實在太多了，為了方便起見，老闆會在每個殯儀館，私底下跟管理員租個地方擺放我們的樂器，省了樂器帶來帶去的麻煩，這樣的好處是我們要上場前，只需拿推車將整組樂器搬出來，結束後再放回去就好。

★我們放樂器的地方是在停棺室最裡頭，每次拿樂器都得經過排排安放的棺材。

但畢竟是在殯儀館內，有時是搬運樂器的過程中，會不經意看到一些「恐怖」畫面。我印象最深刻是，有一次我跟老闆從後門要推樂器進去時，沒想到有一具遺體先暫時停放在那，這麼一個不小心，我們就看到遺體的臉，那個人的臉真的很嚇人，整張臉呈現青黑色，連身經百戰的老闆都直呼一輩子難忘。

這還不打緊，我忘了是哪一館，放樂器的地方是租在停棺室裡。停棺室裡常停滿了棺材，我們放樂器的地方在最裡頭，每次都得經過排排放的棺材，有時忙起來，連女生都要幫忙推樂器。工作的這段時期，沒有碰到

● 2003年5月我在台中麥當勞舉辦陶笛體驗營

什麼撞邪經驗，我是基督徒，沒有什麼禁忌，也不覺得害怕，而且我認為做這件事不是害人，相反地是在幫助人。只是每個棺材上面都會擺照片，這樣一路走過去，心裡總也會感到毛毛的。

至於喜事，我就接得比較少。紅場與白場的差別在於服裝不一樣，紅場的曲子也要比較歡樂、輕快的，像鄧麗君的歌就可以通吃，紅白場都可以用。一般說來，紅場的錢比較多，一場可以拿到三千，不過，因為要從頭演奏到尾，說老實話，做完一場，回到家全身都累癱了。我曾經在圓山飯店表演，一小時八百元，壓力超大，全場焦點放在你身上，完全不能有出錯的機會。但比起跑白場，我倒認為，如果有認識飯店的人，其實這是可以深耕的行業，畢竟對中國人來說，接喜事的場合不但可以賺錢，順帶沾沾喜氣也不錯。

我得了陶笛癌

曾有位朋友戲稱我好像得了陶笛癌的絕症，
如果有可能，我希望這個病永遠不會好，
因為有一樣東西可以用一生的時間去鑽研，
是非常幸福的一件事。

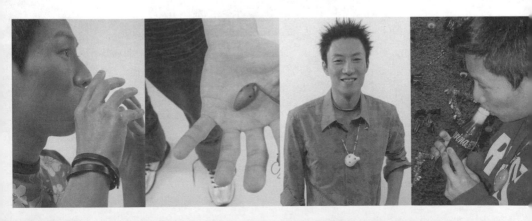

從一份禮物開始

我的人生可以分為三個重要的階段，讀華岡藝校、當兵以及接觸陶笛之後。

第一次接觸陶笛，我根本沒有想到這小小的陶笛，會成為我生命中最重要的伙伴。一九九九年，我跑到高雄向民俗音樂家郭慶榮老師學「鋸琴」，老師在淡水老街買了幾個陶笛，順手就給了我一個。

在學校指導小朋友們吹陶笛，看他們對陶笛的興趣和吹奏時的開心模樣，真的很讓人欣慰

回台北的路上是我朋友開車，身為副駕駛的我，當然要負起娛樂駕駛的重責大任，於是開始吹起了陶笛。我先摸熟指法，接著就開始吹第

★我第一次聽到陶笛的聲音就很喜歡，因爲它跟大自然的感覺是合在一起的。

一首曲子，覺得好聽，再吹第二首、第三首……，就這樣一首接著一首，欲罷不能，在三、四個小時的車程中，我一路從高雄吹回台北，我人生的第一個陶笛，到現在還保存得好好的。

與大多數人一樣，剛開始我也是驚豔於陶笛身形雖然小巧，卻能吹出清脆且明亮的聲音。

打從我一拿到陶笛，我就為它的聲音瘋狂。我第一次聽到陶笛的聲音就很喜歡，因為它跟大自然的感覺是合在一起的。以小顆陶笛來講，它聲音很清脆、很嘹喨，如果是大顆的陶笛，聲音則是低沉、渾厚，不管怎麼聽，都覺得很好聽。不論什麼時候，任何情緒下，只要吹起陶笛，我會完全沉浸於陶笛世界裡。

從那時候開始，我的胸前總是掛著陶笛，我覺得這是全世界最簡單、最便宜的樂器。比起一般動輒上千、上萬元的樂器，它的入門門檻

算是低很多。除了洗澡與睡覺，我都掛著陶笛，它變成我一個很好的朋友，不管走到哪，一有空就吹陶笛，連騎機車在等紅燈的時間都不放過。尤其是心情不好時，吹一吹，心情就會比較開朗許多，也可以讓自己的心平靜下來。

難以「笛」擋的魅力

為了它，我一改平時的節儉作風，開始尋找任何與陶笛有關的資料，一知道哪裡有賣陶笛，我都會殺過去買。好不容易找到鶯歌，結果當時街上有賣的店家也只有一、兩家，我只要看到釉色比較好、聲音是OK的，就會買回來收集。

那時很瘋狂，就算是同一種陶笛，只要顏色不同，我都會各買一

★現在站在這個位子，我有責任讓台灣的陶笛素質更往前一步，應該多付出一點。

個。曾有位朋友戲稱我好像得了陶笛癌的絕症！我聽到了大笑，直說簡直是形容得太傳神了。如果有可能，我希望這個病永遠不會好，因為有一樣東西可以用一生的時間去鑽研，是非常幸福的一件事。前陣子，我想訂購一組十多萬的陶笛回台灣，因為我認為自己現在站在這個位子，有責任要讓台灣的陶笛素質更往前一步，應該多付出一點，多帶些新東西回台灣。

陶笛也能拉近人與人之間的距離。

我有很多學生，都是全家人在學。原本家長只是送小朋友來學，或在我們店裡買了陶笛給小朋友之後，聽到孩子在練習，自己也拿起來吹吹看，發現原來陶笛這麼簡單，於是變成了全家共同的興趣，不蓋你，我們店裡有很多客人，假日時最大的樂趣就是每星期輪流到我們的分店走一走。

我看過很多陶笛增進親子互動的例子，它讓家長與小朋友之間的話題增多，因為便宜，所以可以全家都玩這個樂器，而且出門攜帶又方便。

隨時隨地　全民FUN音樂

最近我發現，學陶笛的家庭主婦人數愈來愈多，這是一個很好、很棒的現象。有很多媽媽以為自己這輩子跟音樂無緣，其實只要一天能花上十五分鐘練習，兩個月下來，會吹的曲子也有好幾十首。像洗衣服時，把衣

● 陶笛比賽時，媽媽和我一起上場表演

★大多數的工廠都只在意陶笛的造型與多彩，鮮少有人認眞處理音色和音準。

服丟進去後，等待的時間，就可以練習一下，很容易一天就湊足十五分鐘的練習時間。

我媽就是最好的例子，她之前也是利用做家事的空檔，自己放我的ＣＤ，跟著吹，現在她會的曲子有十多首了，吹得還挺不賴的！

很多人認為陶笛充其量是藝品攤上擺好看的玩具，但我認為陶笛不是裝飾品，因為它具有小巧、易攜帶的特性，反而很有推廣的潛力。

愈是深入鑽研之後，我才發現原來在台灣，陶笛一直被當成玩具看待，既然是玩具，大多數的製造工廠都只會在意它的造型與多彩，當然也鮮少有人認真處理陶笛的音色和音準的細節。

在台灣比較常見的是圓型陶笛，槍型陶笛少之又少，這一、兩年我積極推廣槍型陶笛，就是俗稱的潛水艇，小朋友形容它是吹風機。潛水艇是十二孔，音域比較廣，不過，剛入門的人還是先從四孔、六孔的圓

型陶笛開始，因為指法簡單，學起來比較有成就感。我建議，第一次入門的人，可以先買三百至一千元之間價位的陶笛來練習，等到一定程度之後，再進階至演奏級的陶笛。

陶笛改造了我的人生

我就這樣開始了我的陶笛奇遇記，陶笛帶領我經歷了不可思議的人生轉折。從剛開始在誠品、麥當勞、捷運當街頭藝人，到國小社團的教學、開陶笛專賣店、在朋友的專輯裡軋上一腳、出了自己的陶笛專輯，甚至應前高雄市長謝長廷之邀吹

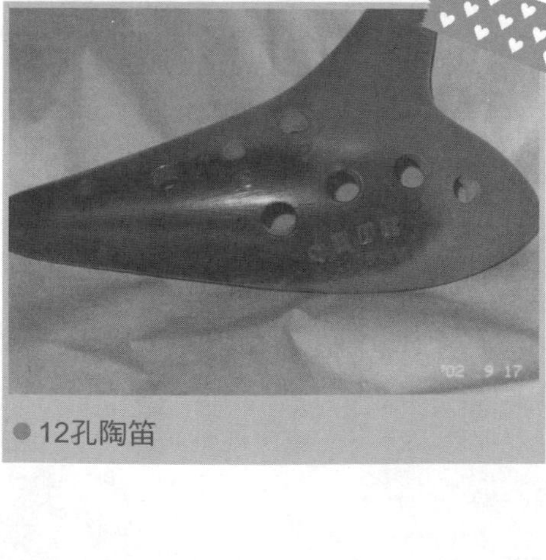

● 12孔陶笛

奏「愛河狂想曲」，今年，我還如願開了個人音樂會……，若不是因為陶笛，平凡的我可能都不會有這些難得的經驗。現在，陶笛已經變成我隨身攜帶的生活必需品。

人類因夢想而遠大，我很努力去實現我的夢想。我給年輕人的建議是不要什麼都要追求一百分，那很辛苦，我認為每樣要求六十分就好，但是，對於自己喜歡的東西一定要達到一百二十分。

● 在淡水捷運站「捷運下午茶－街頭藝人組曲」活動中表演陶笛

陶笛阿志教室——陶笛小常識

陶笛，有一個更正統的名字，稱為「洋壎」，在西洋音樂上被歸為長笛類樂器。特別的是，大部分長笛類樂器呈管狀，而壎是球狀或蛋形的。它在發聲上雖然也是屬於邊稜音樂器，但不像其他長笛類是開管式，它是一種閉管式的樂器。早期的壎是用泥土、骨頭、果殼等天然材料製成，現在多用陶瓷製作，也因此有了陶笛這個名字。

說起陶笛的起源，其實很難界定，因為在世界幾個文明發源地，考古學家發現史前人類就曾經以獸骨鑽孔發出簡單的聲音。在中國有一種蛋形的吹管樂器，稱為「塤」，用陶土和黏土製成六個音孔，這個樂器有超過了七千年的歷史，也曾影響到了當時

亞洲的其他民族。

在南美洲的馬雅人也知道做出模仿鳥鳴的樂器，自西元六世紀開始，洋壎就在祭典上扮演重要的角色，通常是在儀式進行中配戴在身上，不過當時它的功能仍屬於裝飾，而非音樂上的。這種樂器後來傳到了歐洲去，由一位叫GiuseppeDonati的義大利人將這種原始的鳥禽狀樂器，加上了指孔的構造，也因此他有了義大利文Ocarina〔小鵝〕的名稱，也是現在大部分球形樂器的共同名字。

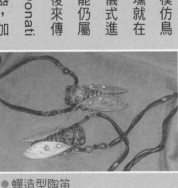

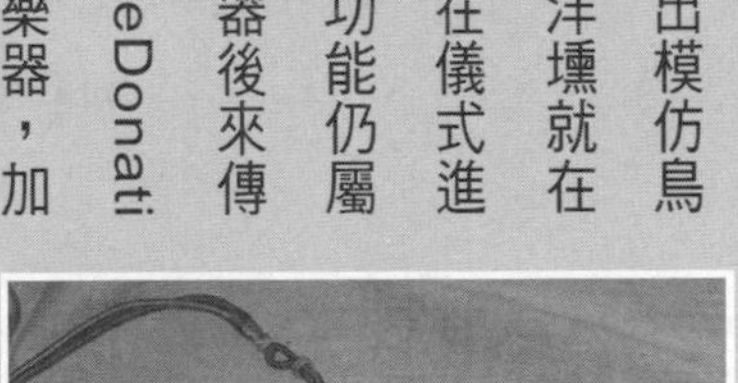
●蟬造型陶笛

踏遍世界找好陶笛

為了尋找音準正確的陶笛
與了解更多的陶笛知識，
我走訪許多國家，收集各式各樣的陶笛，
同時採買很多國外的陶笛演奏專輯、琴譜，
從中摸索演奏技法。

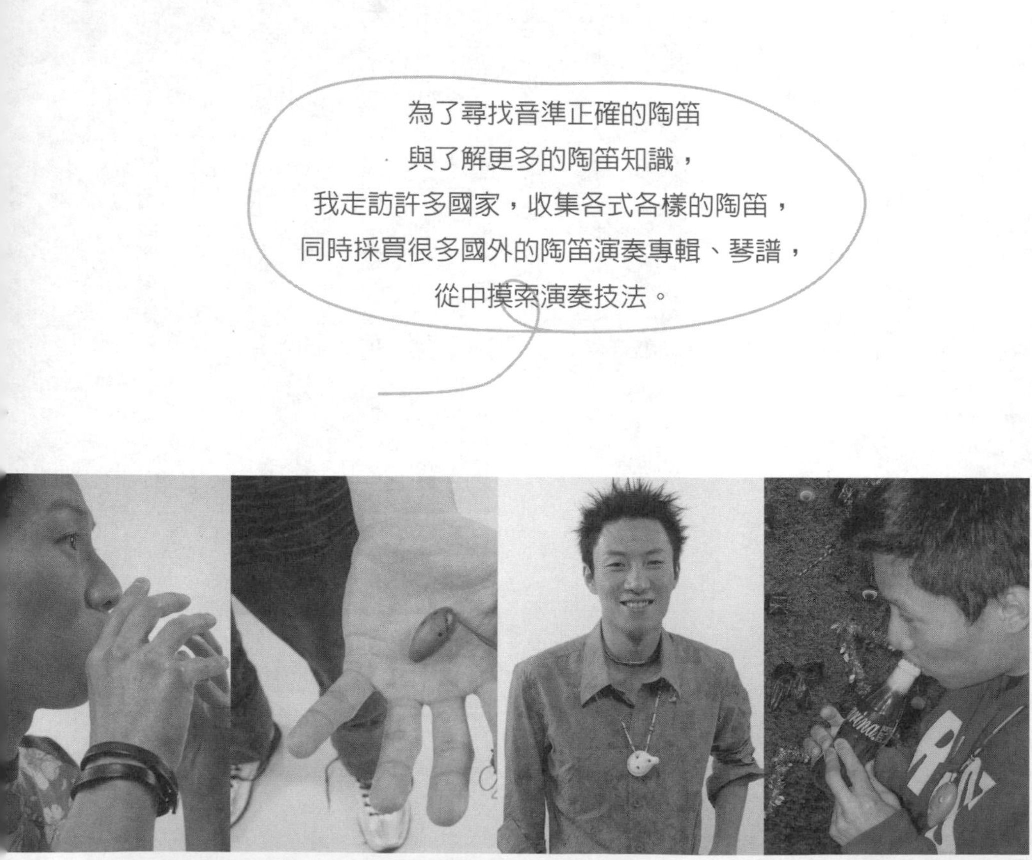

買不買　吹了才知道

我發現陶笛的價格範圍很廣，價位從幾十元到四、五萬元不等。那時台灣賣的陶笛能吹的很少，我自己也常買到不能吹的陶笛，買回來發現不能吹或音不準，都很令人扼腕。因此，我堅持我開的陶笛專賣店只賣品質好的產品，而且要讓客人試吹，試吹後不買也沒關係，因為我不想讓客人重複自己以前常碰到的不愉快消費經驗。

其實，用肉眼還是可以稍微辨識陶笛能不能吹，能吹的陶笛上面的孔不是胡亂鑽的，是要經過調音，所以孔的大小並不一樣。

隨著我對陶笛愈深入鑽研，台灣的資源有限，已經無法滿足我的需求，於是我將觸角伸向國外。為了尋找音準正確的陶笛與了解更多的陶笛知識，我走訪許多國家，收集各式各樣的陶笛，同時採買很多國外的陶笛演奏專輯、琴譜，從中摸索演奏技法。我的琴房架上擺滿了陶笛琴譜，其中有很多都是日文的，原因就在於日本是陶笛演奏大師最多的國家。

我對陶笛瘋狂著迷，可以特地飛到香港，只為了看陶笛收藏家朱普明的珍藏陶笛，日本更不用說，已經變成我定期取經、學習技巧的國家。比

● 2005年2月在日本和陶笛首席演奏家宗次郎合影（第二排左三為宗次郎）

★日本很多陶笛老師都住在森林裡，那種與世隔絕，不受塵世紛擾的感覺很棒。

較有意思的是，日本很多老師家都住在森林裡，那種與世隔絕，不受塵世紛擾的感覺很棒。

二〇〇〇年，我和幾位朋友組成陶笛旅行團到日本，參加日本國寶級陶笛演奏家宗次郎的音樂會，台上大師的演奏精彩到令人幾乎忘了要呼吸，台下眾多的陶笛樂迷臉上，不用我多說，想必大家一定也能猜到他們的表情有多麼陶醉。

● 2005年2月在日本和陶笛首席演奏家宗次郎合影

甘拜下風！

在取經過程中，我與一位日本製作陶笛的橫沢 功老師傅，從陌生人變成好朋友。想買老師傅的陶笛，一定都要排隊，而且得等上十個月到一年，也就是說你今年訂，明年才能取貨。老師傅從不預收訂金，因為他根本不怕客人不來拿，你不來拿，後面一大堆人排隊等著要，從這個小例子就可以知道他的陶笛多搶手了。

這位老師傅年約五十歲，身上充滿文人的氣質。我們第一次去拜訪他時，他對我們的態度其實不太友善，可能是翻譯的問題，溝通上有落差，我猜想，他心裡一定在想這些台灣的人到底來幹嘛？想當然的，對

● 在日本白馬大飯店裡演奏陶笛

★輪到老師傅吹奏時，陶笛在他手上活了起來，感覺上他與陶笛融成了一體。

於我們所問的問題，他也不太願意回答。

那時雖然還沒出唱片，但我們已經算是台灣陶笛技術最高的了，同行中，我第一個吹給他聽。接著輪到老師傅吹，聽完他吹之後，我的自信心完全受到打擊，而且被打擊得很嚴重，橫沢 功老師傅真的是吹得太棒、太厲害了！我只能用「佩服」兩個字來形容當時的感覺。一直到現在，我還是認為他比宗次郎還強，陶笛在老師傅的手上活了起來，感覺上他與陶笛融為一體，看著他吹陶笛，就好似欣賞一幅渾然天成的畫作一樣，讓人覺得很輕鬆。

我每次去日本一定會去拜訪這位老師傅，多去幾次之後，他漸漸了解到我是真心想找好陶笛，是對陶笛情有所鍾的同好。對我們的態度變得很友善，每次都會很熱情招呼我，看到我就會「游桑」東「游桑」西的一直叫，問他的任何問題，他也都知無不言，什麼都講，我從他身上

學到很多東西。

上回一起去的團員回來後，還跟我說：「阿志老師，你形容得很誇張耶，老師傅人明明就很好。」聽到這句話，我只能苦笑。從現在老師傅對我們那麼友善的態度，後來去的人當然會感覺他人很好，根本無法想像我們第一次的「窘狀」。現在跟去的團員能有今天這麼好的「待遇」，那可是我們這些前人披荊斬棘，先當第一個不受歡迎的開路先鋒而來的。

我跟老師傅變成莫逆之交，其實還有個小插曲助燃。有一

● 2005年1月在日本白馬和製作陶笛的官老師合影（由左至右：我、官老師、弟弟、媽媽）

年，老師傅的女兒來台灣旅行，她跟朋友脫隊跑去九份玩，看到我們的九份店就好奇進來逛，剛好那時是我弟在顧店。

這個世界真的很小，他們兩人閒聊之下，發現她爸爸竟然就是日本那位橫沢 功老師傅，一知道她是老師傅的女兒，我弟就充當九份導遊，熱情招待這兩位日本女生，也讓她們滿載而歸。老師傅聽女兒提起後，一直謝謝我們，上次我們去時，他們還主動要幫我們安排住的地方。

日本師傅也吃驚

我從中學習到跟日本人作生意，一定要有耐性，磨久了，交情就很難打斷。排隊等老師傅製作陶笛的人真的很多，但老師傅都會特地把最好的貨拿給我，甚至是等我挑選完之後，剩下的才給後面的人。我每次

去日本都是帶回六十、七十把，老師傅有一次忍不住問我：「我的陶笛真的在台灣賣得那麼好啊？」我開玩笑地回答他：「那當然，你看是誰在賣啊？」我想找個機會，或許是下一場音樂會，邀請老師傅來台灣當特別來賓，讓他實地感受陶笛在台灣的魅力有多大。

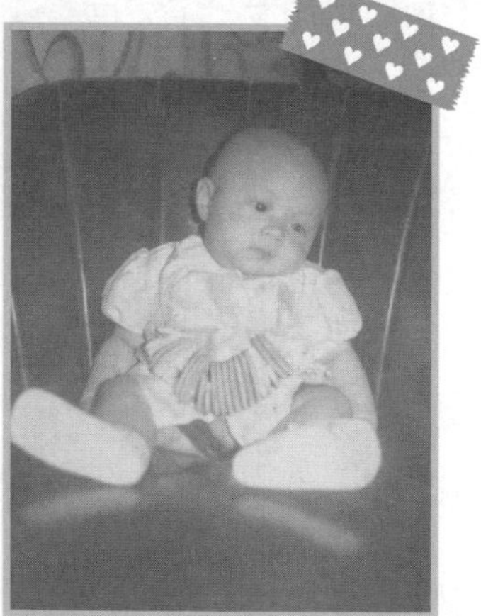

● 在姑母家中剛滿四個月的小小阿志

自己就是最大消費者

剛開始，沒有台灣的師傅肯相信陶笛
吹得出好的曲調，當看到我吹出優美的曲子時，
他們愣住了，眼睛瞪得大大的，
彷彿下巴都要掉下來似的。

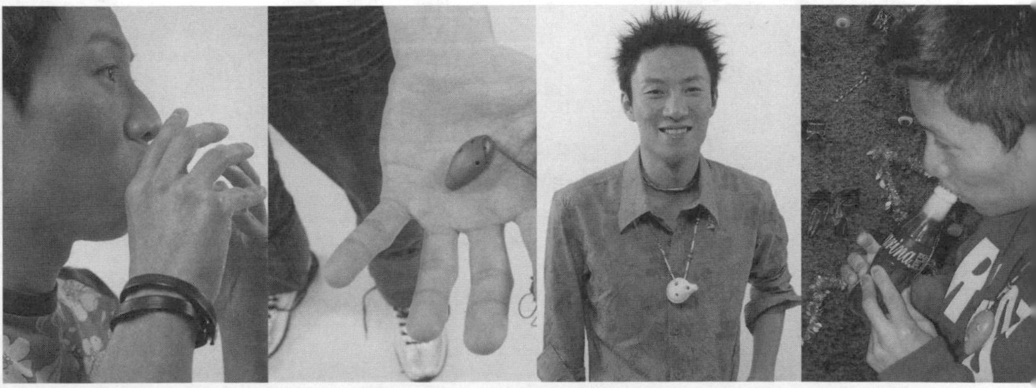

阿志陶笛特別貴?!

嚴格說起來，我是個很挑剔的消費者。

有去過我們店的人就知道，從國外帶回來的陶笛，都是我飛到外國，一把把挑回來的。

以從日本帶回的陶笛為例，除了橫沢 功老師傅的陶笛之外，一般日本店面賣的陶笛良率是兩成至兩成五，我一把一把的挑，做好把關動作，我不賣也不好意思賣爛東西給客人，有任何問題我們店一定會負責到底。

有一次，我在網路看到有人攻擊我們店裡賣的東西比別人

● 我和心愛的各式陶笛

★我發現台灣製作的很多陶笛都不能吹，才會想到要找工廠一起研發、改良。

貴，說我們賺得太多，我真的很生氣，撇開品質比別人好不講，每一把國外進口的陶笛都是我一把一把親自挑回來的，光是耗費的時間與金錢成本就不划算了。不過，我現在已經學著釋懷了，我跟店員說，客人買了若嫌貴，沒關係，請他拿來，我們退錢給他。好陶笛是要賣給識貨的客人，否則就太糟蹋陶笛。

為了改變台灣對陶笛的印象，我在台北縣的國中小學兼課教陶笛，然而音準的問題令我相當困擾，想從國外進口專業陶笛，對小朋友而言太過昂貴，普及度也會大打折扣。我一開始在收集陶笛時，就發現台灣製作的

●「陶笛玉玲瓏」九份店

很多陶笛都不能吹，才會想到要找好的上游工廠一起研發、改良台製的陶笛，進而興起開陶笛專賣店的念頭。

Made In Taiwan 陶笛

我四處尋找可以配合製作陶笛的師傅。當我還只是純粹收集陶笛時，那時就找到鶯歌賣陶笛的店家，可是買到後來，我問的問題愈來愈專業，例如：這個陶笛燒幾度、孔怎麼弄……等細微的問題，問到最後，店家老闆沒法子回答我的問題，只好跟我說不是他做的，直接把上游工廠給我。

剛開始，沒有師傅肯相信陶笛吹得出好的曲調，話多說無益，我用吹的來說服他們。當看到我吹出優美的曲子時，他們愣住了，眼睛瞪得

★最後終於在鶯歌找到了願意配合的窯場和師傅，開始生產專業的陶笛。

大大的，彷彿下巴都要掉下來似的，看了我很久。最後，我在台灣陶製品重鎮鶯歌，找到了願意配合的窯場和師傅，開始生產兼具可靠音準和平民化價格的台製專業陶笛。

目前，店裡的所有台製陶笛都是我與上游陶笛的師傅一起研發出來的，我們會固定時間開會，我也會讓師傅們之間定期交流。如果我要去日本，也會找這些師傅一起去，讓他們看看日本的技術。

我曾經想要學修理樂器，但我發現我不是那塊料。

一個會生產陶笛的人要具備哪些條件？大部分的人都以為是陶藝，其實不是。真正的好師傅要具備四項條件，第一要懂樂理，很多人第一項就不及格了，像台灣很多陶笛師傅就都不懂樂理。第二是要真正會吹奏，只會吹音階是不足夠的。第三才是要懂得製陶原理與溫度，最後一項是要有美感，四者兼具，才有可能有好的作品出現。

為何做樂器的師傅本身還要會演奏那項樂器？就像學做小提琴的課程，每天晚上的功課是要大家聚在一起拉小提琴，如果你不會演奏，你如何能做出好的樂器呢？在日本製作陶笛技術愈好的師傅，陶笛就吹得愈好，那位日本的橫沢 功老師傅就是一個很好的例子。

陶笛共榮圈

台灣很可惜，沒有像日本有大師級的製陶師傅。其實，我已經盡可能在幫忙建立起台灣陶笛產業的上游實力。七年前，有位做陶瓷二十多年的陳師傅，要轉做陶笛，當時他音準不好，也不會用調音器，我就提供技術，跟他一起合作、改良，他現在也是我的上游廠商之一。我也一直在尋找台灣的手工陶笛師傅，看到有潛力成為大師級的，我會不吝嗇

提供我的資源，協助他們更上一層樓。因為我認為，只有我一個人成長是不夠的，要帶動整個陶笛產業向上提升才更有意義。

●貓頭鷹造型陶笛。

我的第一個夜市攤位

我的第一個夜市攤位由於是戶外型的，
人潮受到天氣因素影響太大，
兩個多月後就「結束營業」，不過，
那段時間卻認識了不少
專門跑民俗攤的召集人。

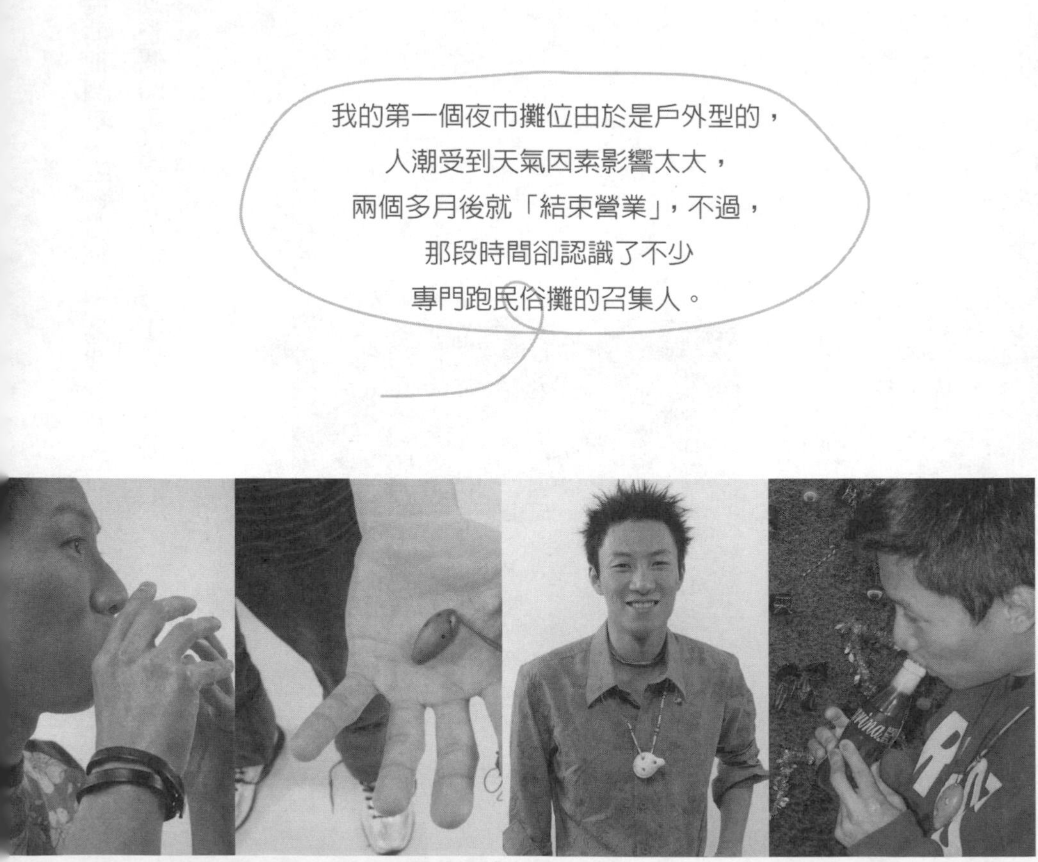

★想買高單價陶笛的客人會考慮比較多，這時就要介紹、講解，甚至吹給他聽。

幫忙顧攤　人潮洶湧

在開鶯歌店之前，我不但跑紅白場，還兼擺民俗攤子。因為喜歡陶笛的因素，我買了很多陶笛，只要哪裡有賣陶笛，不管在哪裡都會去找，那段時間遇到很多賣陶笛的人。

有位中山堂的民俗攤位老闆劉鼎馗知道我很喜歡陶笛，剛好他要在中正紀念堂元宵燈會擺十天的攤位，問我要不要去幫忙顧攤，我想說沒事，就答應了。

一般來說，通常民俗攤一天租金約為一千多元，但不到兩千元。由於中正紀念堂是全台灣最棒的臨時攤位，一天要一萬多的租金。

● 我上東森「大生活家」節目和主持人張淑娟及小朋友合影留念

我從第七天開始幫忙至第十天，後來老闆包了五千元的紅包給我，並送我攤位上的每款不同的陶笛各一個，這也是我第一次見識到民俗攤吸引人潮的魅力。

人家說生意囝仔難生，其實我很討厭、甚至是排斥別人說我是生意囝仔，但我知道我對生意的敏銳度很高。

第一次賣陶笛時，我覺得我很稱職。我們攤位的陶笛價位從一百元到一千元之間的都有。我跟老闆的分工是他賣三百元以下，我則負責三百元到一千元之間的陶笛。現在回想起來，我當時都碰高單價的產品，我只愛品質好、挑戰高的陶笛。不過，想買高單價產品的客人會考慮比較多，這時就要介紹、講解，甚至要吹給他聽，實際聽到聲音後，他才會想買，結果我賣贏老闆很多。

十天之內，聽說老闆進帳八十萬，扣掉成本，淨利也有三十萬，等

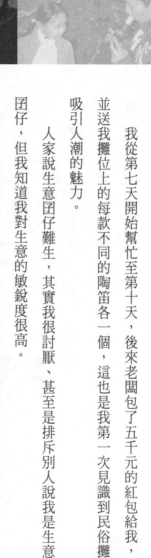

★對面是賣測速雷達的，測速雷達的警示聲，與我吹的陶笛聲形成奇妙的對比。

於是一個人的半年薪水。我那時心想，這還真不錯，於是興起自己創業的念頭。

又濕又「冷」擺攤經驗

我的第一個陶笛固定攤位是在士林夜市都會叢林。

當時那裡有一整排戶外花車攤位，一個花車的月租要四萬元，對我來說，四萬元實在太貴了，我告訴自己，一定要想法子開。於是打聽之下，我分租到其中一個賣水晶的花車，而且還是背對路口的半面牆，Oh! My God! 這個攤位真的很小，連一坪都不到，不到四分之一的攤子，一個月也要一萬八的租金。

有了攤位，我就開始去鶯歌批貨，第一個月賣了十一萬，算算淨利

有三萬多元。但一天要顧七小時，加上我白天還有教學、紅白場要跑，真的很累。剛開始時，因為位子很不好，沒有人知道，我就站在攤子前面吹陶笛，果然笛聲響起，人潮就會靠過來。

由於是戶外攤位，人潮受到天氣因素影響太大。很多時候，只要是下雨，就沒什麼人，而我光是騎車到那裡，全身就已經濕透了。我對面的花車是賣測速雷達的，測速雷達的警示聲，與我吹的陶笛聲形成奇妙的對比。沒人時，我們兩人就開始聊天，後來也成為朋友，現在想起來還滿好玩的。

到後來只要是下大雨，我連去都不想去，我的第一個夜市攤位在兩

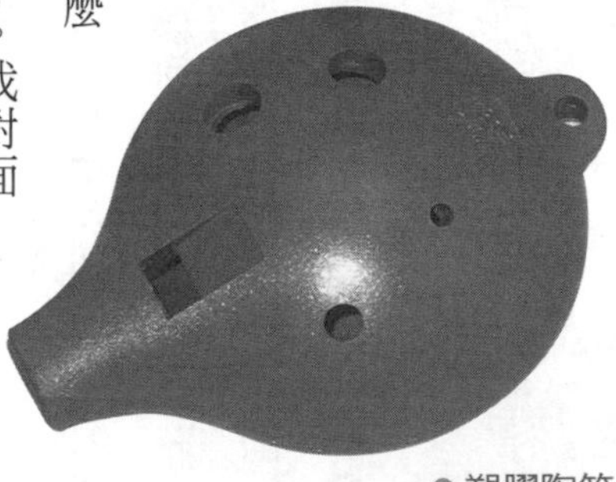

塑膠陶笛

★我那時就已賣起四百元的陶笛，因爲想要用好產品來跟其他攤商區隔。

個多月後就「結束營業」。不過，在士林擺攤的那段時間裡，認識了不少專門跑民俗攤的召集人，他們問我有沒有興趣來擺陶笛攤？於是我就開始全省跑透透的民俗攤之旅。

借來的手排破車

剛好我弟那時失業，我就拉著他一起去跑民俗攤。

通常，負責來邀的人都很會講話，有時還會臭彈（吹牛），過於誇大、言過其實。剛開始我不知哪一個老闆棒，很難判斷，做一段時間就知道，有些人喜歡膨風，有些人比較踏實。

其實，有個通則可以提供給大家參考：一般而言，學校的場子比較不好賣，最好賣的是夜市與廟會的場子。但若碰到下大雨，就會沒有什

麼人潮，有時來逛的人潮少到會讓人很緊張，怕連攤位錢都付不出來，不過，槓龜的機會其實很少。

在跑民俗攤期間，鶯歌陶瓷博物館有為期十天的展覽，因為看好展覽帶來的人潮，我也租了一個攤位，共襄盛舉。

我們花了幾千元，以黑布加燒金紙的網子做成簡單布幕，上面再掛滿了陶笛，算是簡單又好看的臨時店面設計。在別攤都還在賣一百元的陶笛時，我那時就已賣起四百元的陶笛，因為我想要用好產品來跟其他攤商區隔。

十天展期中，平日沒有什麼人來看展覽，人潮都集中在週末假日。總計十天我們賣了三十多萬，但大部分營收都來自星期六日，可以想見週末生意是好到人仰馬翻。從早上進去開工到收完攤，根本沒有上廁所、吃飯，而且是忙到沒時間想。

★我下定決心，以後創業絕對不能靠價格取勝，因爲那不是長久的經營之道。

人氣小天使

在參觀人潮裡，我拉了一群二十多位幼稚園小朋友來我們的攤位前面，免費送他們陶笛，並現場教學，示範如何吹陶笛。其實，這是一種很好的行銷手法，因為塑膠陶笛的成本並不是很高，我請這些小朋友來跟我一起吹陶笛，把他們留在攤子至少十多分鐘，相較起來，我的攤位感覺上人潮就比別人多，攤子的人氣就旺起來。

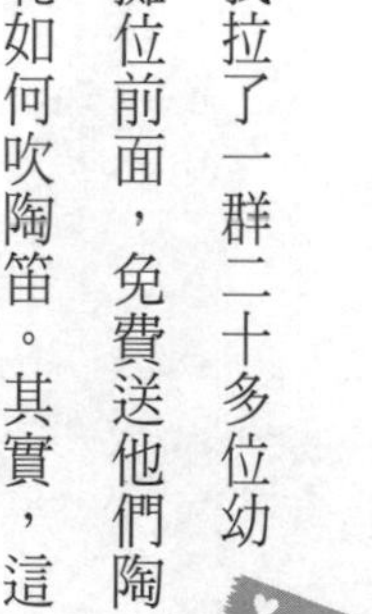
幼稚園的我

加上，人都有看熱鬧的心態，後面進來的人就會好奇這一攤是有什麼好康的嗎？為什麼那麼多人圍在那裡看？如此一來當然就會吸引愈來愈多的人潮駐足。

隔壁的老闆看到在我們攤位前的小朋友脖子上一人掛一顆陶笛，於是揶揄我弟說：「哎喲！每個小孩都買，那你們不是賺死了？」我弟才

透露說他們是幼稚園的小朋友，怎麼會有能力買，小朋友的陶笛都是我送的。我每次只要看到家境不好的小朋友，或是小朋友喜歡，但家長不買，我都會想辦法偷送給他們。那個老闆一聽，驚訝地瞪大了眼睛。

由於我會邊賣邊吹，吸引顧客，而且比起糖葫蘆、香腸攤，擺陶笛攤子的人少，所以我們很受歡迎，很多廟會或校慶的攤販召集人想邀我們，每次有場子就會問我們要不要去。就這樣一個介紹一個，一直往外擴散，最高紀錄是連開四攤還不夠。陶笛展場結束之後，我跟我弟又陸續接了民俗攤子，平均來說，一天的收入若有一萬二以上就算不錯，四千元以下就不好。

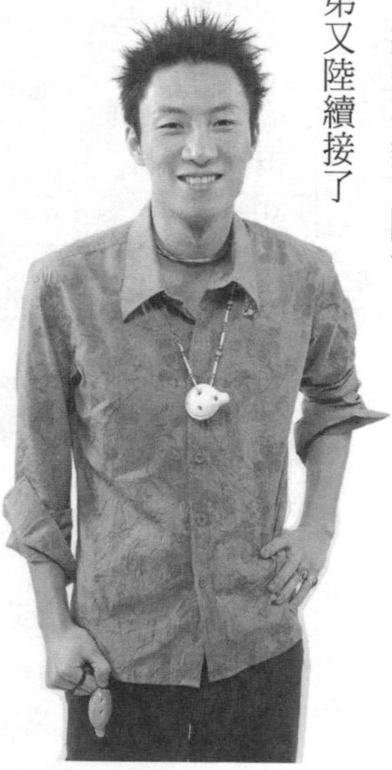

★擺那麼久的攤子從來沒碰過道上兄弟來收保護費。沒想到，他就在攤子前停住……

通常，假日會擺到三攤，但因為地點都不一樣，所以需要三台車。我們手頭上只有我的中古車與學弟的一台車，加起來才兩台，車子不夠，得想法子再找一台。那時也很大膽，便跟附近工廠的陳師傅借了一輛價值兩萬的手排破車，可能今天到台中，明天又到雲林，就這樣一路開著這輛手排車擺攤，東征西跑。現在想起來還有點詫異，當時怎麼那麼敢？

黑道大哥來了?!

雖然大家都說台灣不大，很多地方的風俗民情還是要自己到當地才能體會它們的大不同。跑民俗攤子最好玩的是，可以認識形形色色的人。我對於一位很像黑道大哥的客人印象非常深刻。

那天，我遠遠就看到他大搖大擺的走過來，我心想不會吧，擺那麼久的攤子從來沒碰過道上兄弟來收保護費。沒想到，他就在我的攤子前停住，大口嚼著檳榔看著我，然後把手伸向口袋……，順著他的手，我看到他掏出一大疊的千元鈔票，是一大疊喔！很酷的對我說：「把你們最好的貨全部給我拿出來！」我當然恭敬不如從命。

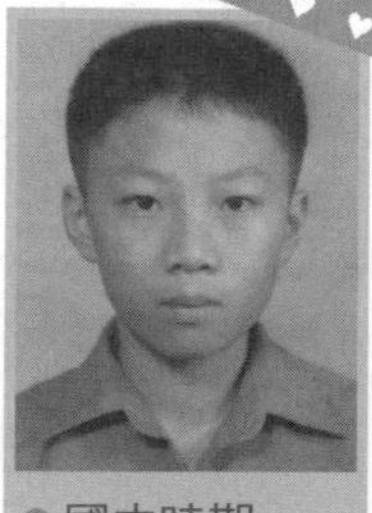

國中時期

接著，他拿出大哥大撥電話叫他兒子現在立刻到陶笛攤位來。我記得很清楚，他兒子並不是照父親的意思選了最貴的陶笛，那個小朋友試吹後，反而選了自己覺得最適合的陶笛，價位也不便宜，是我們攤位第二貴的。這位大哥也不囉嗦，馬上付了錢走人。

我每次看到有的小朋友喜歡這把，但家長硬要替孩子選另一把，我

就會想起那位道上大哥尊重小朋友選擇的行為。像我自己也是，我的觀念是小朋友快樂最重要，只要小朋友喜歡、高興就好。

●吹笛男女孩和小動物們

以專賣店打造陶笛文化

做任何生意都是一樣，
要選在冷門的時機進場才有可能成功，
就好像玩股票要逢低買進的道理。

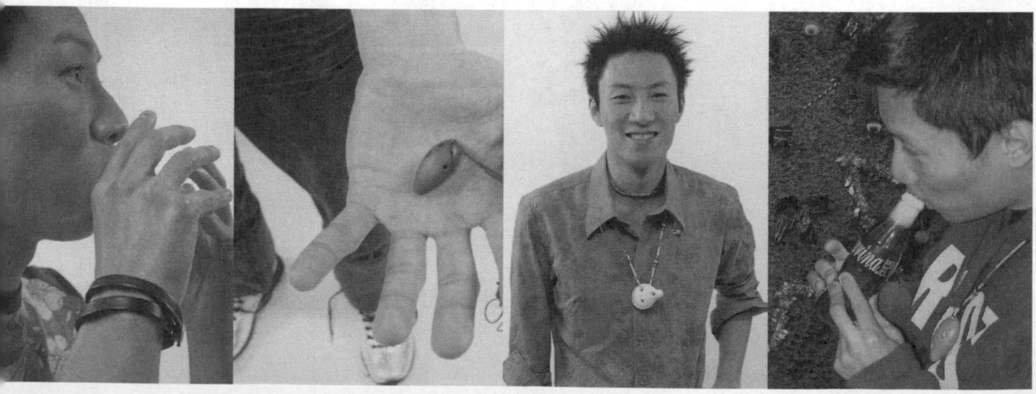

★平日沒有人時眞的很無聊，我都會站到店門口，開始吹著一首又一首的曲子。

鶯歌店─一天吹笛10小時

我的第一家店開在鶯歌的重慶街上。

二〇〇二年一月一日，我二十六歲，開了我的第一家陶笛專賣店。鶯歌店很幸運，因為之前的老闆是賣杯子的，後來才收起來，裝潢都是現成的，所以第一家店並沒有花到什麼裝潢錢。

做任何生意都是一樣，要選在冷門的時機進場才有可能成功，就好像玩股票要逢低買進的道理。

我進場時，陶笛還很冷門。開鶯歌店的時候，我投入三十萬的創業

「陶笛玉玲瓏」九份店

資本，因為自己是個願賭服輸的人，既然敢創業，砸下三十萬，若賠了，我也會認了。

鶯歌店在一月底開幕，剛好是學校放寒假的時候，對一家新店來說，開張的前兩個月營業額表現還可以，約有二十萬出頭。

由於我們的店面位於重慶街，是陶瓷主街（尖山埔路）的隔壁那條街，剛開始時沒什麼知名度，人潮根本不會特地逛過來。一等寒假蜜月期結束之後，平日人潮立刻銳減，幾乎沒有什麼遊客。我數過，最慘的時候，一天進來店裡的不到十個客人。

不過，對我來說，店裡的生意只要可以平衡就好，我想賺的不是很多很多的金錢，而是快樂。開陶笛專賣店就是要扭轉台灣認為陶笛是玩具的刻板印象。

因為開店的關係，我每天都要吹奏陶笛近十個鐘頭。那時，我跟我

弟輪流去鶯歌顧店，平日沒有人時真的很無聊，我都會站到店門口，開始吹著一首又一首的曲子，這時期的大量練習，讓我進步神速。我告訴自己不管遇到什麼樣的曲目，都要耐心把它演奏幾遍，吹出感覺了才算過關。

六百份炒米粉

我們家曾因為父親的寶特瓶工廠擴張太快而破產過，當時我載著母親到處收會錢，結果很多人落跑，收不到的錢成為填不滿的無底洞，直到近幾年，才慢慢

● 九份店裡展示販賣的各式美麗陶笛。店裡裝璜由我哥包辦，媽媽平時也在九份店幫忙。

把負債還清。我記得陶笛店剛賺到四萬八，在餐廳工作的媽媽高興地流下開心的眼淚，我們母子聊天時，她說算一算炒米粉要炒六百到七百份才能賺到這樣的錢。

鶯歌店的淡旺季特性是每年一月至十月都還不錯，接下來的十一、十二月兩個月就會差些。平日人少，但假日人潮多，星期日又比星期六的生意好，有時星期六、日兩天的營業額相差到一倍。

說實話，鶯歌店一開始也不是很好。我之前是請同學來做店長，但因為他晚上要補習，每天都五點多就打烊了，一個月營業額才十多萬。後來他離職，鶯歌店也經歷了一段陣痛期，直至補到現在的店長卓翠華之後才上軌道。

我認為鶯歌店請到翠華是很幸運的事，因為她很積極的經營店面，店每天都開，沒有休假，讓鶯歌店往上成長。

★我下定決心，以後創業絕對不能靠價格取勝，因為那不是長久的經營之道。

加上「草地狀元」節目播出之後，知名度大開，營業額一直持續向上攀升。本來鶯歌店的業績落後晚半年開的九份店，但是經過努力，有段時間與九份店並駕齊驅，現在鶯歌店反而後來居上，更位居三家店的假日營業額冠軍。

老街處處踏笛音

生意好不好，我只要去店裡賣一小時就知道今天的營業額大概會位於哪個範圍之間，星期天店裡生意的情況常是人都擠不進來。

現在，清脆、嘹喨的陶笛聲在鶯歌老街飄揚開來，原始而質樸的音符，改變了四周的氛圍，很多人告訴我現在走在鶯歌老街上都會聽到陶笛的聲音，也會聽到店家播放我的陶笛專輯，聽著、聽著心情都會開朗

起來。

九份店—斜坡風水不好嗎？

九份是非常棒的地方，也是我一直看好的開店地點，但我自己跑了十多次都租不到店面。

我媽是金瓜石人，有一次她與舅舅聊天時，提到我在九份怎麼找都找不著店面。舅舅聽完後放在心上，開始幫我打聽、留意九份的店面，後來打聽到有一間原本是賣芋圓的店面要分租出來，就馬上打電話跟我說。

● 弟弟和媽媽在九份陶笛店

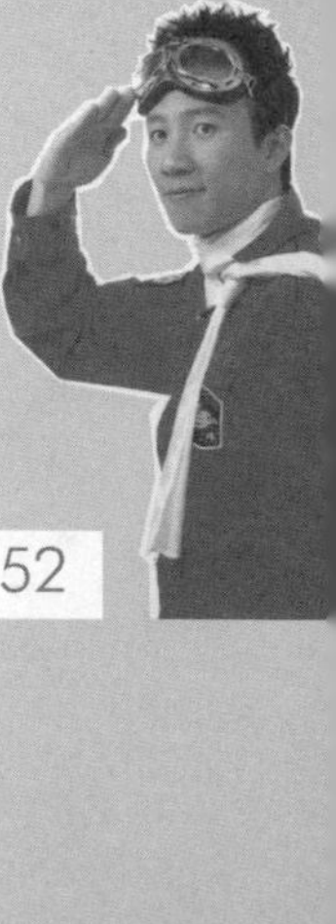

★我以前曾相信風水之說，但後來我發現風水是一個人沒有信心時才會全盤相信。

一聽到有九份有店面要出租，我去現場看了，結果發現店面有很多問題需要克服。首先，房東要分租的那一半店面並沒有門，如果要租，就得自己找人再開一個門，而且隔間的錢得由房客自行負擔。

九份寸土寸金，一有店面要出租，很快就會被人租走。偏偏我這時收到校召，要回部隊去當十天的兵，算算只有三天時間考慮要或不要。回到家後，我告訴家人想在九份開店，那時全家人都反對。

反對的理由，第一是展店速度太快，才半年就要再開第二家店，這樣不穩。第二是房東不願付半毛錢，我們得自己負擔打門洞、安裝鐵門、隔間……等費用。第三，那間店是走斜坡進去的店面，就風水而言並不好，而且還得在門口加建樓梯，客人才有辦法直接走進去。這樣林林總總加起來，光是隔間就要花掉十多萬，整間店弄到好要四十萬。

我以前曾相信風水之說，但後來我發現風水是一個人沒有信心時才

會全盤相信。我的想法是：好不容易有機會，雖然要多花很多錢，但我相信一定會成功。因此我不顧全家人反對，堅持一定要開。我的創業過程沒有靠什麼人資助，只有在開九份店時，因為所有的資金都投在鶯歌店了，周轉不來，便跟姑姑借了二十萬，這也是我這輩子第一次跟人家借錢。

校召十天回來後，隔天就要開幕，我直奔九份店幫忙擺貨，心想跟它拚了，一定要如期開店。

二〇〇二年六月一日，我開了第二家陶笛專賣店——九份店。

果然跟我預料的一樣，九份店開張第一天的業績就比鶯歌店多一倍，第一個月的總營業額是鶯歌店的兩倍。那時鶯歌店的生意其實沒有非常好，大家都說幸好當初我堅持要開九份店。兩個月後，我也有能力將錢還給姑姑了。

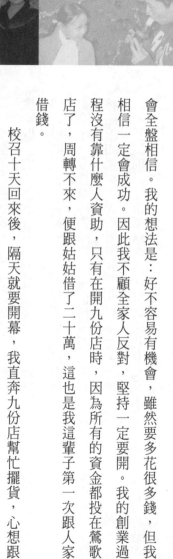

九份店沒有淡旺季之分，一年到頭都有滿滿的觀光客，就算是平日生意也不錯，營業額也會維持一定的水準。所以九份店開了之後，我便把我弟調到九份店當店長，全心衝刺業績。

內灣店—是否需要電腦化

二○○四年一月，我開了第三家店—內灣店，並將三家店名統一改為「陶笛阿志」。

內灣這幾年發展得很快，我聽當地人講，幾年前租金還是幾千元，現在就已經漲到幾萬元了。

● 九份店處於熙來攘往的熱鬧小街上

因為是三家店裡最新的店，我平均每兩個星期會開車去內灣。內灣店的重點是週末假日，平日的營業收入只要能打平開銷就好。但內灣的業績分成兩段，下半年的九至十二月，甚至到一月下旬，因為天氣很冷，五點以後店家都關光光。上半年則因為沾四、五月螢火蟲季的光，生意特別好，尤其是星期六日，人潮根本多到寸步難行。

我自己雖然沒時間常去店裡，但經營的大方向我都知道，例如：三家店總營收多少、每家店該達到何種水準、這個月的目標該訂多少……等等我都很清楚，只要翻一下帳簿大概就能精準預估出每家店的月營業額。

總結三家店來說，店租一年加起來約一百萬出頭，等於一個月要十萬元，人事成本一個月要三十萬。比起一般陶笛店品項只有一、二十種，我們的陶笛品項共有六、七十種，的確多很多。之前，我曾閃過要

★營業額也有「領薪水效應」，家長領完薪水的那個星期，店裡生意便特別好。

引進電腦化的想法，不過考量到我們的店面其實不需要像7-11那樣盤點，我們只要知道庫存量就好，設法讓主要商品不缺貨，基本上還不太需要電腦化來做倉儲管理。加上若實際執行起來，供應商能否配合的問題，就先暫時打消念頭。

SARS與領薪水效應

經營店面多多少少都會受到景氣的影響。遇到像SARS這種不可抗拒的危機時，我們也只能硬撐。但幸運地，即便那段時間營業額下滑嚴重，我們的總營業額還是能維持收支平衡。另外，店裡的營業額也有「領薪水效應」，像家長領完薪水的那個星期，店裡生意便會特別好。

我本來想朝五家店的目標邁進，經過市場評估後，我認為南部的陶

笛市場太亂，不是很好做，比較可能的區塊我想選在宜蘭或台中，但目前還沒有找到適合的點。之前也有新加坡的人希望我過去設點、推廣，可是對於自己的陶笛專賣店，我是屬於主導性強的人，會希望按照我的方法去做；如果在國外，管理門檻就會變高，因此我還是婉拒了。

很多人打電話來說要加盟，我都勸他們放棄，因為這個市場沒那麼大，他們只有看到風光的一面，陶笛專賣店不只是賣陶笛，若是開加盟店而沒有抓到箇中精髓，一定會倒。

阿志的奶奶

我當兵的時候被分發到226師，那是擁有天下第一師之稱的關渡野

戰師，一天行軍十小時，走路走到恍神，以為自己得了幻想症——看到水池幻想自己在游泳，看到蘋果樹幻想自己在吃蘋果。兩年下來，培養出我的毅力與忍耐力，遇到事情不會想要閃躲，而是想法子解決。我想現在會成功，或多或少跟當兵磨練出了抗壓性有很大的關聯。現在不管我再怎麼累，想到當兵時的苦，就覺得一點也不算什麼了。

以前擺攤時，攤子要收來收去、車子也開來開去，經歷過那種日子之後，真的感到自己現在很幸福。很多人找我去中國大陸開店，我跟他們說目前沒有這個打算，我覺得現在這樣已經很好了，並不想跟上市公司老闆一樣賺很多錢，我只要全家人夠花就好。所以我從不刻意要求店面營收成長率要達到多少。我相信，只要能穩健經營，自然就能成長。

我不是在做生意

我很愛、很愛陶笛，所以我不是把它
當成生意經營，而是在推廣我的興趣。
憑良心講，我一直沒有把店的營收放在第一位，
只希望能夠推廣陶笛文化，讓客人買到好東西。

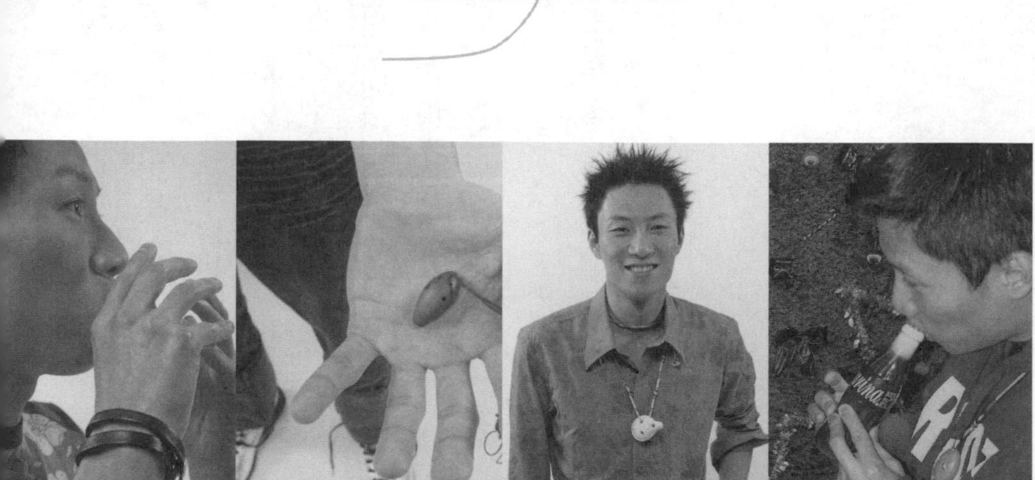

從玩具變樂器

當你很愛一樣東西時，你就不會把它當作只是賺錢的工具，我對陶笛就是這種感覺，我很愛、很愛陶笛，所以我不是把它當成生意來經營，而是在推廣我的興趣。

我致力於陶笛的推廣，並且開設陶笛專賣店，但不是完全以營利為主要目的。我不只是為了做生意，而是要讓更多的朋友有機會學陶笛，達到全民玩音樂的願望。

會開陶笛專賣店是因為我發現在台灣陶笛是配角，大部分的店家都只是

● 2003.4.4《陶笛奇遇記》記者會，邀請到黃嘉千主持

兼著賣陶笛，把它當成雜項產品。當初為了要收集陶笛，我跑了很多地方，心想若能有間陶笛專賣店那該有多好，更可讓大家感受到原來陶笛也是樂器的一種。尤其針對想入門的人，至少讓他們知道可以到哪詢問或買到好陶笛。

　　我的三家店都開設在觀光老街，因為我從以前擺攤就發現夜市或是像東區、西門町等人潮眾多的鬧區不是很適合賣陶笛，陶笛不是人潮多的地方就會賣得好，它的客層以小朋友與家長為主，要到鶯歌這種有文化氣息的景點，銷售的是一種陶笛文化，而且又能帶動人潮，與所在地區互蒙其

● 碧砂漁港石門國際風箏節

利，相輔相成。

很多媒體在報導我時，都說我以三十萬元築起陶笛夢，短短三年時間創立三家店，把陶笛從玩具變成樂器。如果要歸結我為何成功，我認為是我從一開始就不把陶笛當生意。

憑良心講，我一直沒有把店的營收放在第一位，我沒有在意這些東西，只希望能夠推廣陶笛文化，讓客人買到好東西。

我不認為自己是在經營陶笛生意，我本身就很愛這個樂器，很為它癡迷。因為不把陶笛當生意，我願意做很多「非關銷售」的事情，如趕場教學、參加推廣陶笛活動……等，很多是屬於生意人眼中吃力不討好的事。

不只賣釣竿　更要教釣魚

用生意的角度來看陶笛會怎麼樣？我舉個同行的例子，大家可能會更了解些。

以市場競爭狀況來說，我們的競爭者只有一家，但他們的指法是自創，我們用的是世界指法，基本上，我們的市佔率佔了五成以上。有一個新進入者想全部通吃，於是將我們的世界指法與那家的自創指法陶笛譜拿來，各copy（複製）一半，變成一本陶笛譜，這就是以生意的角度來賣陶笛。然而這樣做的結果是，有

● 高雄記者會（吹笛者為行政院院長謝長廷先生）

★競爭對手想模仿我們的店裡假日都有人吹陶笛的模式，但他們自己不會吹。

心想學陶笛的人看到他們的譜之後不但會覺得錯亂，不知到底該用何種指法好，還會認為那家廠商只是抄襲，根本沒有自己的特色，消費者當然不買帳。

還有競爭對手想模仿我們的店裡假日都有人吹陶笛的模式，但他們自己不會吹，又找不到人來，因此舉辦比賽想要廣徵好手。好玩的是，參加比賽的人七成以上都是使用我們店裡的陶笛，前三名都還是我的學生，大家吹的也都是我寫的曲子。結果當然引不起任何影響力，這也是用生意的角度來看待陶笛的另一個例子。

●安佳幼稚園畢業典禮暨音樂發表會

我們店裡擺滿了各式各樣的陶笛，並提供專業知識來幫助大家選購陶笛，而且包括了如陶笛演奏樂、手機吊飾、陶笛樂譜……等相關產品，都可以在店裡找到。

我要求店裡的人，有顧客上門時，一定要讓客人完全了解陶笛後，再決定要買哪一種。

比如說，你到我們店裡，店員就會告訴你，陶笛的大小其次，主要是要看音色，這個是高音的，那個是屬於低音的，你要不要先吹看看，感覺一下它們的不同之處。

英雄氣短長

試吹是我們店裡的特色。我以前常買到不能吹的，因此我們店裡一

★聰明一點的客人多半會選擇放在架子上的陶笛，我自己也是。

定會讓客人試吹，滿意了再買回家，盡可能教會簡單的音階。而且每個人吹氣的輕重都不一樣，吹重氣的人就不要找適合吹輕氣的陶笛，所以試吹非常重要。

我們給客人試吹，盡量都會拿新的陶笛。你信不信，通常試吹完後，客人都會買。內行人會買架子上吹過的陶笛，陶笛是愈多人吹過音質愈好。敢擺在架子上的陶笛都是我們事先挑過，因為常要吹給客人聽，若是萬一拿到有瑕疵的陶笛，吹了漏氣會很丟臉，所以放在架子上的陶笛，我們自己都會先試吹過。聰明一點的客人多半會選擇放在架子上的陶笛，我自己也是。偷偷告訴大家，我去買陶笛時，如果有可能，都會直接拔老闆身上的陶笛。

或許有人覺得那麼多人吹過很噁心，其實，陶笛只要用酒精、水清一清就可以了，基本上每個客人試吹後，我們都會以酒精消毒一遍，讓

下一個客人安心。

很多人會問我，陶笛要吹到什麼程度才算好聽？我認為，陶笛的聲音乾淨最重要。好不好聽可以看聽眾的反應，若聽眾聽了之後，有一種想要拜託你別再吹的慾望，那就不合格；如果聽眾聽完後，意猶未盡，會想要請你再吹一首曲子，那就表示你吹的算好聽，再繼續加油吧！總有一天你會成為陶笛大師。

●三歲的我和五歲的哥哥

感謝其他人不用心

我能成功，說穿了，得感謝其他人的不用心，
因為我肯用心，才能異軍突起。
我很認真在經營「陶笛阿志」這個品牌，
努力讓大家一講到陶笛，就會想到阿志這個人。

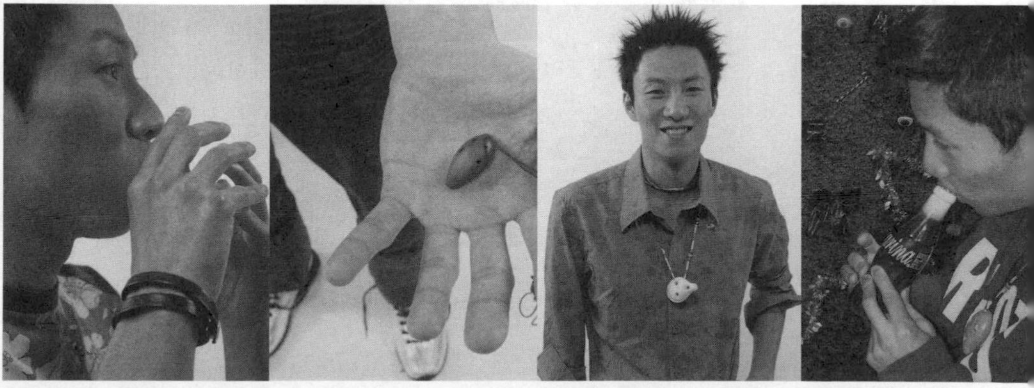

如何建立品牌

我很慶幸，可以成為引領市場趨勢的人，這是佔了先進入者的優勢，在冷門的時候進場。

我估計我們的市佔率應該超過百分之五十，一個人不可能也不要貪心，想要吃下全部的市場。由於「陶笛阿志」這個品牌是最大的市場領導者，所以我可以決定市場的趨勢與方向，未來，我希望讓台灣陶笛市場變得更多元，由人手一支變成人手多支，因為陶笛有分高、中、低音，通常喜歡陶笛的人不會只買一個。

● 陶笛比賽和媽媽及參賽小朋友的合照

很多人好奇「陶笛阿志」這家陶笛專賣店為何會成功？我乾脆就

「阿志」賣瓜，自賣自誇，自己來解析一下我看到的成功關鍵因素。

一、產品要推陳出新

時常要有新東西，讓客人感覺你是獨一無二的。獨特很重要，身為陶笛專賣店的始祖，我們有很多死忠兼換帖的客人，你要給他們新東西看，讓客人覺得你的店是走在趨勢前端，別家店找不到的產品，在你店裡都可以找到，甚至更多，這就是專賣店。像台灣不流行槍型陶笛，我們現在就在推槍型陶笛。

二、先進入者優勢

不可否認的，因為我們是先進入者，那時沒有人在賣專業的陶笛，

因此就容易脫穎而出。

三、經營品牌形象

我的人、唱片與陶笛專賣店形成加乘效果，我很認真在經營「陶笛阿志」這個品牌，努力讓大家一講到陶笛，就會想到阿志這個人。雖然我沒有常待在店裡，但到處「趴趴走」，趕場教學、上節目、宣傳唱片都是希望能強化品牌的專業形象，通常媒體採訪播出或見報之後，會有兩、三個星期的報導效應。現在，我最重要的目標也是把品牌經營好。

四、以品質取勝

憑良心講，我們家的陶笛品質比別人好太多。以大量生產的陶笛來

說，假設其他店家陶笛的成本是四十元，最後賣到消費者手上是八十元的話，同一種類型的陶笛，我們的成本就是別人的兩倍，等於是八十元，其他的手工陶笛更不用說。

為什麼我們的陶笛成本比別人貴？那是因為我們永遠把自己當消費者，十分要求品質。要知道陶笛是要調音，不是隨便鑽孔的，尤其是高音的音階。很多人不肯花心思去調音，發現音不夠高、廣，就用偷音的方法，聲音聽起來很不紮實。我自己本身就是陶笛的最大消費者，而且是超嚴格、超挑剔的消費者，如果連我自己都不喜歡，怎麼可能還賣給其他消費者呢？我根本不容許品質不好的產品在我們店裡銷售。如果我教會你吹陶笛，你去買別家的陶笛，一定會覺得吹起來落差好大，只要是會吹的人，對於陶笛好壞的感受會更加明顯。

五、要求上游廠商進行技術交流

怎樣才能做出品質好的產品？最重要的是研發能力。自己不追求進步，不想研發的陶笛師傅是很容易被追趕過去的，我會主動要求上游廠商進行技術交流，尤其會特別要求手工師傅與大量生產的師傅要交流，大家聚在一起討論技術問題，甚至想想一起開發新產品的可能性。

六、用吹奏來吸引客人

我們賣的是樂器，一定要以吹奏來抓住客人的心。星期六、日的時候，我們盡量會保持有一個人站在門口吹陶笛，吸引客人進來。

店裡常有小朋友站在門口表演，那些幾乎都是我的學生，星期六、日時，家長會帶來店裡玩。若小朋友是熟客，我們店員會主動詢問他們

是否願意到門口展現之前練習的成果，以滿足小朋友的表演慾。

小朋友吹奏時，店裡的CD就會改放小朋友要吹的曲子，讓他可以跟著旋律吹陶笛，就好像個人的小小音樂會。若同時有多位小朋友來，就請他們站在門口階梯上一起表演。

你想像一下，十位小朋友一起吹，那是多麼棒的畫面！尤其這些小朋友平常就有在練習，吹起來當然好聽，也會吸引路過的遊客停下來看這些小小街頭藝人的表演。這樣就愈圍愈多人，當小朋友看到有那麼多人聽他們吹奏，又得到掌聲，就會吹得愈起勁，無形中也給他們很大的鼓勵，這就達到了相輔相成的效果。尤其是家長帶著來店裡的小朋友，天下的父母都是一樣的，家長都認為自己的小朋友一級棒，當他們看到其他小朋友表演得那麼棒，就會更支持自己的孩子玩陶笛。

七、堅持品管

以圓形陶笛來說，若技術不好，聲音聽起來就不結實，感覺上陶笛就比較沒有生命力。我對店裡陶笛的要求，就是至少要做到有生命力。一批貨進來，我們都會抽樣試吹，一箱若有三個以上的陶笛有問題，就得全部都試過一遍。我的標準算是比別人高，假設我要求八十分，一般人來吹絕對沒有問題。

八、盡量不要跟客人起爭執

我知道這很難，但店裡要適時的有人扮黑臉、有人扮白臉。通常都是我扮白臉，店員扮黑臉。我們店裡是不二價的，上次有個客人打電話來說：「阿志老師，我是你忠實的支持者，我買陶笛，啊你要送我一張

★客人要買A陶笛，但要搭配B陶笛上的中國結。我弟說中國結沒法子拆，結果愈吵愈大聲。

CD。」我聽了只能啼笑皆非，說實話，一張CD版稅我才抽十元，不太可能送CD。不過那位客人實在太「盧」了，「盧」到店員沒法子，才打電話給我。最後我請店員送那位客人陶笛袋子，才讓他滿意的離開。

還有一個很好玩的例子。九份店剛開幕時，進來了一對情侶，其中那位女生要買的是A陶笛，但她要搭配B陶笛上的中國結。我弟說不行，中國結都綁好好的，沒法子拆。結果愈吵愈大聲，雙方僵持不下。為了解決這個僵局，我就硬拆掉B陶笛的中國結給那位女生。站在老闆的立場，如

●《陶笛奇遇記》記者會現場演奏陶笛

果有這種僵持的情形發生時，我的原則是趕快解決，滿足客人的要求，不要讓客人在那裡吵，免得影響後面進來的客人。

臨走前，那位女生做了一個令我跟我弟都很錯愕的舉動，她叫我把手伸出來，然後跟我握手，接著轉向我弟，很神氣地對他說：「哼！你這輩子都別想跟我握手。」

我們兩人當場呆在那裡，等到那對情侶走了之後，兩個人已經由被「盧」的壞心情，轉為又好氣又好笑。

稱讚你的客人

其實我能成功，說穿了，得感謝其他人的不用心，因為我肯用心，才能異軍突起。在其他的店家，陶笛不是主要商品，對客人的態度是你

要買就買，不買就走，也不會主動介紹，更不會讓你試吹。相較之下，更能突顯我們的獨特之處。

我初步統計過，試吹後會買的客人佔了七成。賣陶笛有個訣竅，就是要滿足客人的成就感。當你教會客人簡單的音階後，接著要鼓勵他試試「小星星」的曲子，他吹完後，一定要稱讚他真不簡單，有天份，第一次就吹的那麼好——說白一點就是「拍馬屁」。

連外國人也一起吹陶笛 / 九份店

三家店裡，只有內灣店是大間的，九份與鶯歌店都算小店面。雖然我們店面不大，但我要求我們的店一定要乾淨，東西絕不亂擺，要努力

去營造好的視覺效果出來，尤其是假日時擁進來的人潮真的很多，店面如果本身就乾淨，看起來就不會亂。我們的店面牆壁是以黑布作底，再掛上各式各樣的陶笛，打上聚光燈後，從外面看進去，給人很豐富、很有質感的感受。

阿志的開店心得

在此，提供我的開店心得給大家。

開一家店不可能馬上賺錢，一定會有陣痛期，我的建議是千萬不要貸款創業，從負的開始，無形中會加重自己的心理壓力。

開店前絕對要做市場評估，看過之後，靜下心來問自己會不會成功，如果自己都認為不會成功的話，那就不要開。

開店一定要勤勞，店盡量不要休息，要從服務消費者的角度出發，以品質訴求為主，如此才有可能成功。

其實做什麼事都一樣，最重要的是決心。很多人都只是空想，卻沒有去思考該如何著手，想做就要去做，平常多看、多聽，培養自己敏銳的判斷能力。看很多事情都應該培養自己的想法，不要活在自己的框框裡，最重要的是，做生意不要只顧賺錢，這樣才能長久。

貓頭鷹哲學

開專賣店有一個最重要的法則，
就是商品要少量多樣，更新速度要比別人快，
我稱之為貓頭鷹哲學。

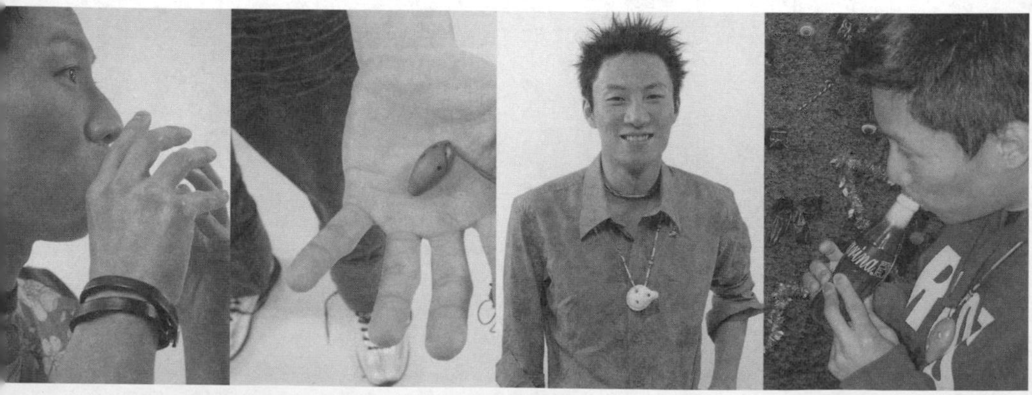

★開專賣店有一個最重要的法則，就是商品要少量多樣，更新速度要比別人快。

彩色貓頭鷹

因為累積了很多經驗，我可以自豪的說，我的眼光算準，尤其是我有興趣的東西。

開專賣店有一個最重要的法則，就是商品要少量多樣，更新速度要比別人快，我稱之為貓頭鷹哲學。就好像甜甜圈專賣店一樣，裡面提供三、四十種不同口味的甜甜圈。

本來店裡的貓頭鷹陶笛一隻賣一百元，只有三種配色，銷路非常不好，這樣下去不是辦法。我觀察後發現問題不是出在價格，而是產品本身引不起

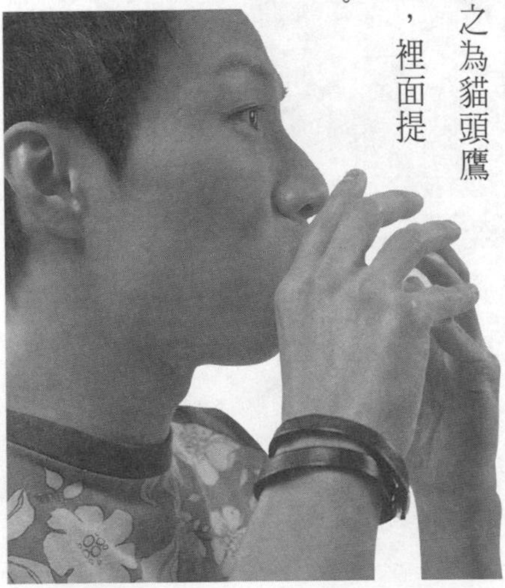

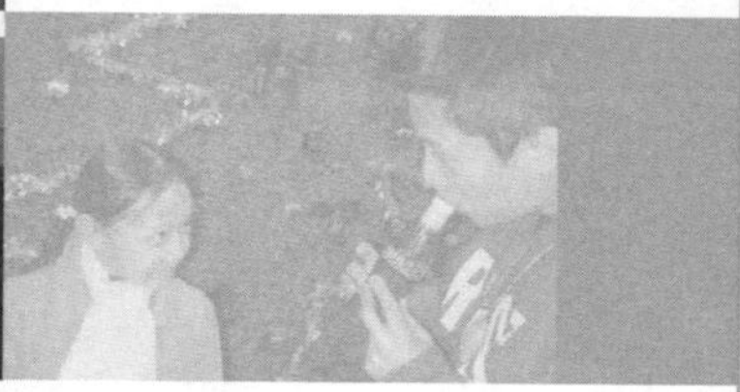

消費者的興趣。於是，我改變行銷方向，請製作陶笛的師傅改良貓頭鷹陶笛，出貨時要出很多不同的顏色，而且每批的顏色都跟要上批不一樣，價格我也調高至一百五十元；在店面的陳設上，讓十幾隻貓頭鷹一列排開。結果產品熱賣，由暢銷至長銷，至今都還名列店裡的銷售排行榜上。

更重要的是，要歡迎大家來比較，這樣才有動力驅使你不斷往前走。

同時，搞清楚產

● 各種貓頭鷹造型

● 在陳設上多用點心，常有意想不到的銷售成績。

品的定位。若是四孔陶笛，我們已經做到在上游就控管好產品的品質，當然到我們手上還是會進行抽樣試吹。四孔陶笛的賣點就是造型與上色，在我們店裡四孔陶笛的最高價位為兩百元，再往上更貴的就是以聲音表現為主，價位七、八百元以上，這時陶笛好壞不單只是取決於造型了，而是要更細微的從它的音色、音準、傳遠性、人體工學以及美感等五大面向來考量。

要達到少量多樣、更新速度快的目標，你就要擁有很強的開發新品能力。店裡很多造型都是我跟上游工廠的師傅一起討論出來的，我最近

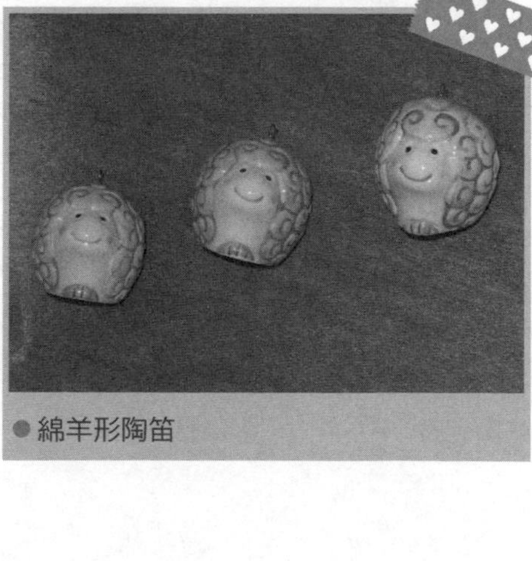
● 綿羊形陶笛

想推出十二生肖的Q（cute,可愛）版，等成功之後，還要再去申請專利權。

出現瓶頸！

我的腦子一直在動，時間也從來沒空過，宣傳期、教學、發行專輯、店面經營讓我的生活變得忙碌不已。

坦白說，我去年碰到成長的瓶頸。去年底，我發現我吹陶笛沒有感覺，當然外行人聽不出來，自己卻可以深深感覺到。我試圖找出原因，最後找出來的原因是我去日本太多

● 各種卡通圖案的陶笛

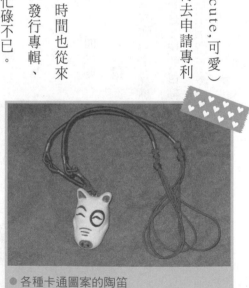

越了，日本是以輕吹為主，但我是屬於重吹型的。為了精進技法，我想改成輕吹，結果改來改去，反而變成四不像，陷入迷思。後來我去日本請教宗次郎，他告訴我說：「你回復到自己的方式吹看看。」我回來之後，想想也對，幹嘛跟別人一樣？我不用做第二個宗次郎，做自己就好，我就是陶笛阿志，而且是獨一無二的。

找對的人上車

開店第一難是找好店面，第二難是找人，尤其是要把對的人找上車更是難上加難。我不得不承認在找人這件事上，上帝真的很眷顧我，我覺得自己運氣超好！

我的管理風格是，對自己人有話就直講，我會跟他們溝通我的想

法、觀念，但絕不拐彎抹角。基本上我很信任員工，給他們的權限也很大，我希望我的員工是腳踏實地的人，要有自己解決問題的能力。我很不喜歡員工一直打電話來問東問西，畢竟一些小事情是可以自己決定的。

九份店因為都是我弟與我媽在顧店，所以我很放心，每天都知道店裡的營收狀況；內灣店我兩星期會去一次，鶯歌店固定每星期去一次，到店裡與工廠走一走，順便找陶笛師傅討論市場狀況。星期六、日如果有時間，我也會輪流去內灣店與鶯歌店巡店。

請到鶯歌店現任店長卓翠華，是件挺妙的事。

我的陶笛鶯歌店

她來應徵之前，我光是找人就花了很久，連104網站都登了徵人廣告，但還是有兩個多月的陣痛期。

翠華來應徵的時候，店裡剛好很忙，我便請她等一下。等空檔時，問了她幾個問題，知道她曾是幼稚園老師以及一些簡單的背景之後，我心想她可以勝任，便請她明天就來上班。

●九份店可樂陶笛

權力安心下放

老實說，翠華來的時候，鶯歌店剛好處於陣痛期，而我急著要找一

位合適的店長，所以交待了她店裡該負責的事，過沒幾天，就把店完全放給她了。

我在想，當初她一定會覺得這個老闆好奇怪，三天兩頭就不見人影，而且很少去店裡。我沒有給她太多資源，沒想到她很負責，把店務打理得很好，本來不會吹陶笛的她，在勤練之下，現在也是吹得嚇嚇叫。

這是我第一次面試別人，真的運氣超好，請到很好的人。加上「草地狀元」播出後，鶯歌店的業績整個成長起來，現在假日時，鶯歌店的業績都會超過九份店。今年三月，鶯歌店

●獨角仙、瓢蟲造型陶笛

★九份店每天早上七點就開店，因爲開店的時間早，業績也比以往好。

又再度打破三家店的單月營收紀錄。

九份店的陳先生也是一個很棒的員工，他本身就很喜歡吹陶笛，平常最大的花費就是買陶笛。請到他之後，九份店每天早上七點就開店，因為開店的時間早，業績也比以往好。有時星期六、日鶯歌店實在忙不過來，也會調他到鶯歌店幫忙。如果需要帶貨到鶯歌店，他也沒有怨言，就這樣從九份坐火車，把貨品一路提到鶯歌店。

他已經不只一次跟我提到，真的很感謝我們。陳先生因為公司遷移至大陸發展而被裁員，本來他想自己已經四十多歲，面臨中年失業，前途茫茫，不知可以找什麼工作，沒想到可以找到自己喜歡的工作。

我會看員工的表現決定年終獎金與調薪幅度，像這種員工，年終我就會給多一些。

除了他們之外，我還有一個全世界最棒的員工，那就是我媽。說實

話，我媽的應對與經營能力絕對不輸我們這些孩子，她的銷售業績常常賣贏我弟很多。

我媽也是從不會吹奏到會吹的最好例子。客人一看到連六十歲的她（雖然大家都說她看起來像五十歲）都會吹那麼高難度的曲子，於是馬上就相信陶笛真的很簡單，那可比我們說再多的話來得更有說服力。

專業員工　創造營收

我認為一家店如果要真的賺到錢，每個月的營業額至少要四十萬元以上。想要創造高營收，你的員工專業度就要夠強。如何讓員工能力變強？這就是老闆的責任。

對我來說，我想雇用的是具有肯負責的特性，而且願意自我學習的

★店裡的員工都已經達到一定程度的吹奏水準，今年音樂會也都會上場合奏。

員工。把對的人找上車之後，身為老闆要給他們新東西，讓員工感覺到自己就是比同行還強。

平常，員工若遇到不了解的地方，只要提出問題，我一定想法子回答。通常一個完全不會吹陶笛的員工，入門期是兩個月，成熟期大約是半年，新專輯拿到後，他們要花一點時間練習。目前，我們店裡的員工都已經達到一定程度的吹奏水準，像今年音樂會，他們也都會跟著上場合奏。

我也會組團帶員工去日本「朝聖」，我們已經去了好幾趟，帶他們去日本的最主要用意，除了放鬆、休息，就是要多看，開拓視野，觀摩日本的陶笛文化。

不僅是員工，我連上游的陶笛師傅都會一起帶去日本，若碰上經濟不是很寬裕的師傅，我也會補助。其實我跟上游的師傅都是搏感情，彼

此惺惺相惜，我常常跟陶笛師傅聊天，一聊就是聊到天亮，幾個交情比較深的也常來我們家聚會。

我的理財觀

我的理財方法很簡單，就是想法子強迫自己儲蓄。
我會拿一小部分的錢出來玩玩
高風險的投資工具，但是會量力而為。
我的態度是敢進場就抱著會全盤皆輸的最壞打算。

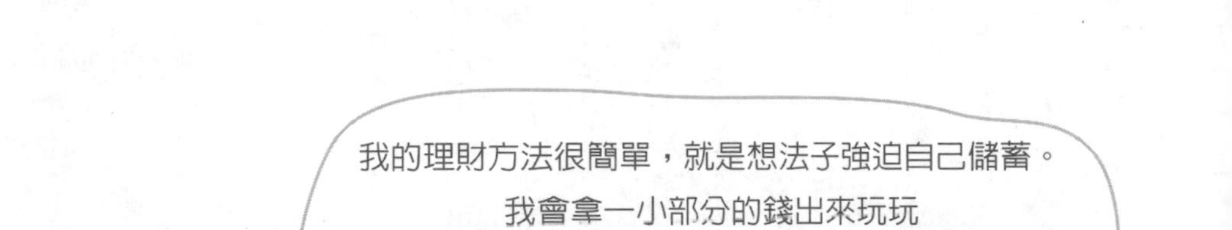

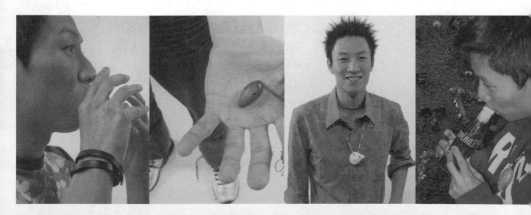

一定、一定要儲蓄

那年，父親寶特瓶工廠因擴張太快，資金周轉失靈，家裡經濟頓時陷入困境，負債上千萬元，那時連房子都沒了。至於當三小時一千元的紅白場樂師，我知道那不能做一輩子。

可能是受成長環境影響，我很有危機意識，但那不表示我會想要拚命賺錢，或是追求很高的物質享受。

我的金錢觀是夠用就好，我認為錢到最後只是數字，等存到一筆數字，就可以享受當下，做自己想做的事。

為什麼我會說錢到最後只是數字呢？假設你有五億，我有一億，我們的生活水準一定差不多。你開賓士，我也開賓士；你家小孩唸貴族學校，我家小孩也是，最後都是一樣的，所以錢不用賺太多。有人要找我去大陸投資，我沒興趣的原因就是認為錢不用賺太多，全家人過得快樂

就好。

我的理財方法很簡單，就是想法子強迫自己儲蓄。

上次看到新聞報導指出，現在72%的上班族都想要自己出來創業，但想要當老闆必須先存到一筆錢，至少也要有三十萬到五十萬的資本額。其實三十萬開一家店也很勉強，等於是一投下去，就沒什麼資金可以周轉。

至於投資工具，我對於號稱高報酬的股票敬謝不敏。坦白跟大家講，我投資股票的錢，加起來也賠了一百五十萬至兩百萬。我現在不買股票了，問過身邊有買股票的人都

●《陶笛奇遇記》記者會現場和小朋友們合奏陶笛

是賠錢。若你自己不去了解、研究透徹的話，想靠股票賺錢的機率是不高的。

為存錢買基金

我現在都是買基金，買基金是為了存錢。假設我戶頭有五十萬，我會把五十萬都拿來買風險性低、可以保本的基金，強迫自己儲蓄。我記得剛去銀行開戶時，櫃台小姐問我：「先生，你是要一個月五千還是一萬？」我回答她說：「我要一個月買六萬。」那位櫃台小姐的表情當場愣住，還以為自己聽錯，應該是六千才對。

我還是會拿一小部分的錢出來玩玩高風險的投資工具，但是會量力而為。我的態度是敢進場就抱著會全盤皆輸的最壞打算。

前陣子台股大跌，跌了一陣之後，我覺得一定會跌深反彈，所以跑去買了七口的期指，雖然很有把握會賺錢，但我還是做好可能會輸的準備，對我來說，這筆拿出來玩期指的錢，輸掉也沒關係。

房地產也是我未來看好的投資工具。開店後，我深深感覺到房東是全世界最好賺的職業。不過，買房子要等合適時機，但現在房價太高，所以我會等到股票跌到四、五千點後，再來投資房地產，否則光是房貸就會壓死人。

我把家裡打了大洞

開店創業後，我終於有能力把家裡重新裝潢，大哥與弟弟也幫忙出了一點，我們三兄弟都喜歡跟家人住在一起的感覺。因為大家都到了適

婚年齡，在設計上每個人的房間都是套房，都有個人的獨立生活空間，就算結婚後不搬出去，也不會干擾到彼此的隱私。

我們家是五、六樓的老公寓，當時做了很大膽的決定，採樓中樓設計，把家裡中間挖空，打了一個大洞。從五樓向上望，可以直接看到天空，讓整個家的空間感展現出來，很舒服，不會有壓迫性。若站在六樓的迴廊向下望，有如置身誠品書店的感覺。

因為多一個洞，不但要花多十多萬，而且六樓就會少一個客廳，老一輩會覺得這樣很浪費空間，我們跟爸媽商量很久，才說服他們接受我們的想法。

會選擇重新裝潢舊房子，而不買新房子的原因是這樣比較划算。我算過，若買一間八十坪的新房子，扣掉公設後，實際住的只有六十幾坪，至少要花掉兩千多萬。若是重新裝潢現在居住的地方，兩層樓加起

來共有七十坪，花個幾百萬的裝潢費用就可以煥然一新，跟住在飯店的感覺一樣。很多人來我們家看了，都興起了裝潢的念頭。

我在裝潢前，事先看了很多設計書籍、翻了很多雜誌，找到自己喜歡的類型，這樣才容易跟設計師溝通。我爸一直想不透為何要花那麼多裝潢費，但我認為錢再賺就有，最重要的是讓全家人住起來很舒服。

偷裝電視機

廚房是最費心的地方。我想幫媽媽在廚房裝一台電視機，這樣她下廚

我三歲時的童稚模樣

時才不會無聊，或因要弄東西給我們吃而看不到想看的節目。我知道如果明講，她一定會說不要，所以我就跟設計師商量好，瞞著她在施工時就預先留好電視的位置，電視的尺寸、大小我都量好給設計師。

那天，電視送來時，我媽還跟送貨員說我們沒有買電視啊，是不是送錯了？後來知道是我偷買的，她忍不住唸了我幾句。其實，我早就知道一定會被她唸，但每次只要看到她在廚房忙，眼睛還不忘瞄一下這台「偷裝的電視」裡的連續劇現在演到哪裡，我心裡就會很高興。媽媽為這個家庭辛苦了這麼久，做子女的得要好好慰勞媽媽。

創業成本	
總投資	30萬元
店租	9萬元 （押金2個月，店租1個月）
進貨	15萬元
裝潢	3萬元
人事成本	3萬元

每月營運	
營業額	100萬元
店租	10萬元
人事成本	20萬元 （全職、兼差員工共9名）
雜支	1萬元
進貨	34萬元
利潤	35萬元

陶笛阿志　展店一基本資料	
產業特色	1. 透過精密的儀器來監控測試陶笛的音準，成為一種既可輕易演奏出音階又方便攜帶的樂器，改變人們只將陶笛定位在〝玩具〞的觀念。 2. 門市人員的現場教學，讓初次接觸陶笛的顧客，有一對一的教學。 3. 成功的利用淺顯易懂的陶笛樂譜，讓有興趣的人們，輕易的就能演奏出歌曲。
設立時間	1. 2002年1月開設「陶笛玉玲瓏」鶯歌店。 2. 2002年6月開設「陶笛玉玲瓏」九份店。 3. 2004年1月開設「陶笛ㄚ志」內灣店，同時將其他兩家分店更名。
地點	1. 鶯歌店—鶯歌鎮重慶街65號　電話：(02)26708070 2. 九份店—九份基山街38號　電話：(02)24063700 3. 內灣店—新竹縣內灣村中正路10號　電話：(03)5849669
網站	陶韻山莊：http://ocarina.idv.st 風潮唱片：http://www.wind-records.com.tw
主要創意產品	台灣陶笛、日式陶笛、手工紫砂陶笛、進口陶笛

Part 6

全民攻笛

如果我這兩、三年就死掉，
我能夠為陶笛留下些什麼？
這是我給自己最重要的人生課題。
陶笛從我的興趣變成了我的使命。
在還沒和風潮唱片接觸以前，
我一直以教學的方式推廣陶笛，抓一個來學是一個，
但我知道要讓更多人愛上陶笛，
發行專輯是最快的方法。

一百多場陶笛體驗營

主動出擊不怕牛車拖

開店、出書、發專輯是我幫自己在三十歲設定要完成的夢想，後來這三個願望都達成了，我再幫自己設定開三家店、辦音樂會、存一千萬的目標。

我是個很會規劃的人，訂下了目標，就會去執行。只要是我想做的事，我就會一頭栽進去做，就算你用牛車來拖我，也拖不走。但若我不想做，再怎麼逼我我也不會做，通常我說出口的話，就表示我一定會去

實行。

既然發行陶笛專輯是我的人生目標之一，像這種非主流的音樂，我又不可能整日在路上晃，等著星探來發掘。想要找人引薦，又不認識半個唱片公司的關鍵性人物，沒有背景的我，該如何跨出第一步？

我選擇毛遂自薦，主動出擊，為自己圓夢。

以陶笛為王宏恩作配樂

當時，原住民歌手王宏恩要錄製第二張專輯，請我去幫他錄專輯中的陶笛合奏部分，份量雖然沒有很重，但也讓我認識了風潮唱片的員工。閒聊時，他們知道我的構想，建議我可以去找音樂部門主管吳金黛

談談。

約好了時間，我什麼也沒帶，一個人單槍匹馬赴約，一股腦把我的想法告訴吳金黛。我用兩個理由說服她，第一是到那時為止，台灣還沒有人出過陶笛專輯，第二是陶笛是非常簡單、易學的平民樂器，一定可以掀起全民音樂「風潮」，而且我連行銷策略都想好了，我告訴她，若能順利出唱片，前一萬張可以隨ＣＤ附贈陶笛，這樣可增加消費者的購買意願。

吳金黛聽完之後，覺得我的概念很棒，答應要寫企劃書，結果一等就是八個月沒有回音。我原本以為沒希望，打算放棄，沒想到她打電話來，跟我說公司同意了，叫我要準備發專輯。

我記得她打來時是二〇〇二年十一月，二〇〇三年三月我就發了第一張專輯《陶笛奇遇記》，同年年底，再發行第二張專輯《陶笛異想樂

園》。我在第一張專輯裡放了兩首創作曲，並以陶笛重新詮釋了森林狂想曲、風中奇緣、天賜歡樂（God rest you merry,gentleman）……等暢銷名曲。吳金黛、林海兩位金曲獎得主更跨刀合力量身打造首張Made In Taiwan的陶笛專輯。公司也採用我的行銷建議，前一萬張隨CD附贈塑膠陶笛。沒想到短短十五天內，一萬張銷售一空。有人稱讚我的獨創性夠，我想，那是因為我長期站在第一線，培養出對於市場需求的敏銳直覺。

除了隨CD附贈塑膠陶笛的創舉，為了延伸全民玩音樂的理想，讓更多人一同體驗學習陶笛的樂趣，之後又推出台灣第一套多媒體陶笛學習教材，

讓樂友們可以把我帶回家，以好玩又輕鬆的方式在家學陶笛。

這同時也是國內第一套針對有興趣學習陶笛的大小朋友所設計的完整教材。從入門到進階，涵蓋C、F、G各種調性的陶笛吹奏技法，搭配世界名曲樂譜教本、陶笛專輯曲目伴奏CD，並且有我親自示範演出的教學光碟VCD，讓初學者在最短時間內，輕鬆掌握陶笛的演奏技巧。更重要的是，讓大家感受到陶笛世界原來是這麼的寬廣，可以進步的空間還很大。

陶笛新震撼

二〇〇三年《陶笛奇遇記》、《陶笛異想樂園》兩張專輯創下超過十萬張的銷售佳績，在非主流唱片界引起不小的震撼，很多人開始注意

到我，媒體對於我的崛起很有興趣，各方的專訪與報導蜂擁而至。

對於專訪，我會盡量接受，因為我想讓更多人認識陶笛，以及了解我為何會為它著迷的原因。當然，隨著媒體的報導，也讓店面的生意蒸蒸日上，尤其是鶯歌店，在「草地狀元」播出後，知名度一開，每逢假日時，小小的店裡都擠滿了人。

我立志將陶笛推廣成人人可以隨身攜帶、容易吹奏的樂器，一個小小的夢想，在與風潮音樂攜手合作之後，逐漸蔓延、茁壯。

出了唱片之後，不到兩年的時間，因公司規劃的上百場陶笛體驗活

各種卡通圖案的圓形陶笛。

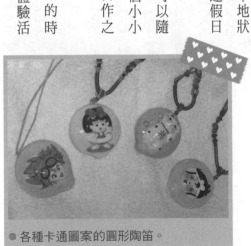

動，號召了全國數十萬人熱情響應，使陶笛成為真正的國民樂器，愈來愈多人加入這個快樂的陶笛王國，離「全民攻笛」的目標又更近了。

我的出片速度算是很快，平均一年半發兩張專輯，每張專輯都會放入我自己的兩首創作曲。二〇〇四年七月發行第三張《陶笛共和國》，二〇〇五年五月十八日第四張《陶笛飛行船》才剛熱騰騰出爐，年底就要再錄製教會聖歌的陶笛專輯。我們家都是基督徒，錄製教會音樂一直是我想做的事，其實教堂的建築空間感和陶笛聲音搭起來堪稱絕配，聽起來真的很讚！

剛出第一張專輯時，我非常不習慣，突然從平凡人變成公眾人物，每逢宣傳期時，更是要上一大堆的專訪、跑通告與趕場教學，有時甚至要推掉固定的教學工作來配合上通告的時間。雖然我已經出了四張專輯，但我還是不認為自己是藝人，也不想把自己當作藝人。

最近，我發現自己倦怠期出現的間隔愈來愈短，而我抒發壓力的方法就是出國，不管是去找陶笛或純粹放鬆、淨空，藉由旅行來積極調整自己的腳步，換個環境找回當初的衝勁。

二〇〇五年六月十八日是我個人第一場音樂會，這是我最大的夢想。音樂會中精心設計了百人吹陶笛的壯觀場面，這些人都是我的學生或是店裡死忠的「柱仔腳」（樁腳）。為了這場音樂會，幾乎每個星期六早上我們都會聚在板橋市文聖國小練習。不過，說實話，壓力好大！在音樂會前，我每天都會幻想把時間撥到六月底，直接跳到音樂會辦完之後，做夢都會夢見自己忘譜。

我的首航音樂會售票於四月底正式上線，短短幾天，票價最高的九百元座位區就全部銷售完畢，兩週內，音樂會票券賣出七成，速度快得讓公司都驚訝。為了不想讓廣大樂迷失望，我花了很多心血想要讓音樂

會更盡善盡美。

我只想告訴大家，我的成功是來自於對陶笛的熱情，每個人只要對自己喜歡做的事情充滿熱情，就有圓夢的一天！

陶笛吹遍全台灣

我常在想，能那麼快出專輯，可能是上帝安排的。

當初去找吳金黛談時，她正在考量做管樂專輯的可能性。原因是她跟老闆去馬祖收集海浪的聲音，在涼亭躲雨時聽到陶笛的聲音，引發想做管

我教小朋友們吹陶笛。

★我最大的快樂與願望，就是推廣陶笛音樂給小朋友。

樂專輯的念頭。回來時剛好碰到我毛遂自薦，才把管樂專輯改為陶笛專輯，因此才有陶笛阿志的誕生。

我最大的快樂與願望，就是推廣陶笛音樂給小朋友，除了到學校兼課，我還巡迴全省舉辦陶笛體驗營，為的就是把陶笛音樂推廣到每一個角落。

從二〇〇三年至今，我歷經了上百場的陶笛體驗營與教師研習營等活動，攻笛版圖最遠到達馬祖外島，最高到清境農場，有很多地方是從來沒去過的，也讓我發現原來台灣這麼美，別人是「一台車凸全台灣」，我可是用「陶笛吹遍全台灣」。從北到南、從三歲小朋友到八十歲的阿公、阿嬤，愈來愈多人喜歡陶笛的音色。小朋友開始學陶笛，大人們發現陶笛可以一圓自己從小對音樂遙不可及的夢想，一步一腳印地實現全民攻笛的夢想。

創下金氏世界紀錄

最讓大家有印象的應該就是二〇〇四年，高雄市舉辦「台灣陶笛、萬人吹奏」的金氏世界紀錄活動。那次是應高雄市政府的邀請，吳金黛為注滿高雄歷史的愛河創作新曲，並融入當地流傳的民謠曲「萬枝調」，譜成一首洋溢當地人文風采的「愛河狂想曲」，這首曲子也收錄在第三張專輯《陶笛共和國》裡。也因為當時的高雄市長謝長廷大力支持，才讓「台灣陶笛、萬人吹奏」活動創下金氏世界紀錄。

高雄記者會。

前陣子，我帶著手工陶笛師傅去幫謝長廷院長量身訂作他的專屬陶

笛。我在節目有講過，一把演奏級、好的陶笛其實是要按照個人手指的距離打造的，這樣吹起來也比較得心應手。謝長廷其實很有心，雖然我跟他接觸的機會不多，但從報章雜誌與一些記者口中得知，他有時會在公開場合表演陶笛，這對於陶笛成為全民音樂有正面的示範效果。

在高雄愛河與市長謝長廷先生開記者會

快樂笛聲送愛心

這一連串陶笛運動，終於讓大家了解到陶笛並不是裝飾把玩的玩具，而是人人都可以玩的國民樂器，也有愈來愈多人愛上陶笛。在巡迴全省的過程中，常看到有些年屆退休的老師主動來學陶笛。

相較於其他年輕老師或是同學，他們的學習會比較吃力，但我觀察到，他們臉上沒有絲毫疲憊或厭煩的神色，反而比其他人更努力地反覆練習。我曾聽到有些人說，要把陶笛學好，然後就可以去醫院教那些重病、癌症病患，讓這些與病魔奮戰的人可以從音樂當中獲得鼓舞的動力。這讓我很感動，體會到愛音樂的人，心胸果然比較寬大，更能去付出心力愛人。

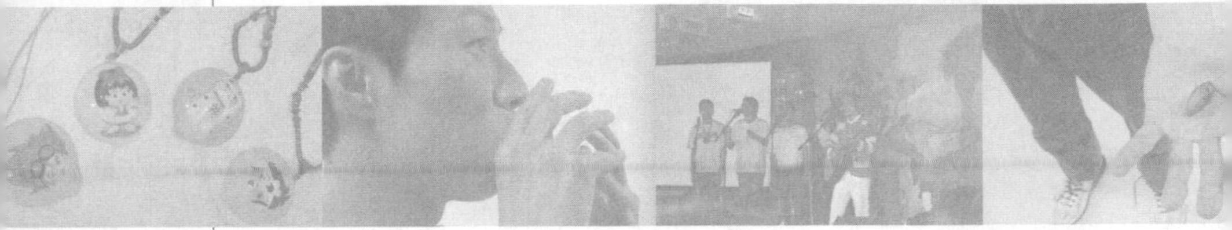

另一個令我印象深刻的例子是，當陶笛體驗營走到特殊教育中心時，這些原本肢體無法協調、專注力不夠的小朋友，可以在位子上認真地聽課，並且於一天之內就學會吹陶笛，讓中心的老師們驚訝不已。尤其當他們看見這些小朋友，平常不知如何表達自己，卻透過陶笛開始試著去傳達自己的情緒，有的甚至還會主動去鼓勵身邊其他小朋友，這些自然流露的信心與喜悅，讓老師們深刻感受到音樂如同陽光般溫暖，也灌注了生命成長時需要的養分。我十分希望，未來在台灣每一塊土地上，都能聽見小朋友快樂地吹著陶笛。

阿志老師，我最喜歡吹陶笛

雖然我已經開了三家店，但重心還是放在教學與唱片。

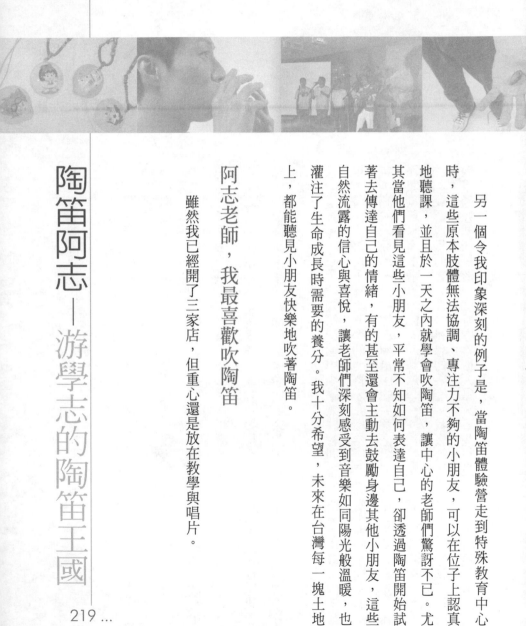

自從接觸陶笛這個可以攜帶的樂器，我發現這是散佈歡樂音符的好方法。你知道嗎？陶笛的魅力在於能在十指圈圍的小小世界裡，散發出一種和樂融融的氣息，形成一個歡樂共和國。

二〇〇〇年我全省跑透透，聽到很多人一起吹陶笛，那種感覺很棒，一來簡單易學，二來，從推廣角度來說，陶笛體積很小，攜帶十分方便。

這幾年，我帶著陶笛到國中小學兼課教同學們吹奏，由教育向下紮根，設法將這個不算太難學的樂器，介紹給所有喜歡音樂的小朋友。不可否認的，教學、出唱片與陶笛店的生意之間有著相互連結的關係，就好像魚幫水、水幫魚一樣，很難將三者拆開，分別去細數個別效益。

我們店裡的客人都是死忠的熟客，我去教學的行為有點像是綁樁，教學過程裡，無形中就是在累積人脈，這些都是推廣陶笛的種子。但我

講課時不會主動帶陶笛去賣，客人要，就會自己到店裡去買。

每次看著大、小朋友專注吹出每個音符時，總是讓我覺得好有成就感，不管再忙，我堅持教學是我不能放棄的工作，推廣陶笛就是我的快樂及興趣。像我們家樓下就多了位四、五歲的小小吹笛人，每天早晚都可以聽到他在吹陶笛的聲音。千萬不要問我教過多少個學生？答案連我自己都不清楚，也無法計數。

淡水河畔錄製陶笛教學包

接觸陶笛後，我給自己一個使命，要成為台灣推廣陶笛的人，並且下定決心，不管怎樣都要走這條路。我希望大家一想到陶笛，就會想到

阿志。我常在想，如果我這兩、三年就死掉，能夠為陶笛留下些什麼？這是我給自己最重要的人生課題。在還沒出專輯以前，有很長一段時間，我是抓一個來學算一個，多一個來聽算一個，目的就是希望很多人認識陶笛，進而喜歡上它。

不懂簡譜也能吹奏

我把常見的樂曲編成陶笛樂譜，我們都稱為洞洞譜或是烏龜譜，並採用世界指法，讓連簡譜都看不懂的人也能吹奏。黑洞代表手指要按住，白洞就是放

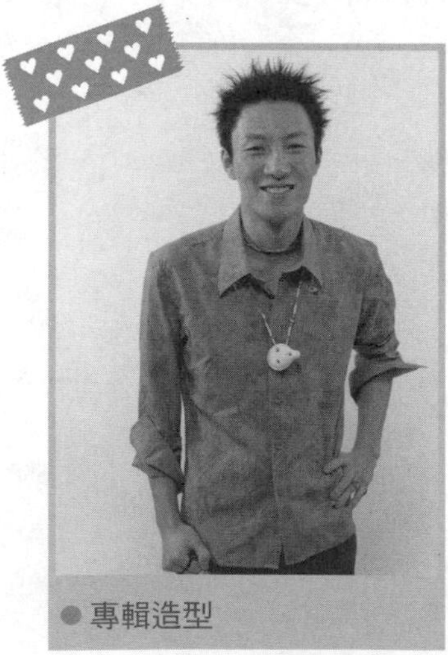

專輯造型

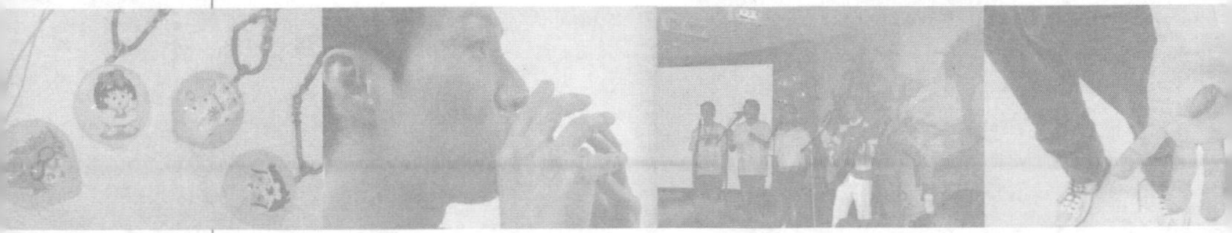

開。因為變簡單，很多學校的師生都願意學習，有些地方的老師很熱情，還會自掏腰包收集陶笛教材，讓小朋友學習吹陶笛。

教學這些年來，我常聽到小朋友說：「原來陶笛這麼簡單，一點也不難！」當他們再練習久一點，便會告訴我說：「阿志老師，我最喜歡吹陶笛了。」聽到這句話，我就會很滿足，所有趕場教學的辛苦都化為雲煙了。

有一位很可愛的小女生叫林妍希，我跟我弟都很疼她，她有五個陶笛，出門時都會帶著陶笛，走到哪吹到哪，會吹的曲子由剛開始的小星

● 陶笛盃全國陶笛種籽選拔賽參賽小朋友林妍希可愛的小美人魚裝扮

星，到現在已經數不清了。上次她陪我接受報紙訪問時，還跟我說，長大以後想出自己的陶笛CD。

不過在教學時，我對小學三年級以下的學生會裝兇，因為年紀小的小朋友有時興頭一來，自己就會玩得很瘋，場面很容易失控，根本不會管我在台上吼得多麼聲嘶力竭。

每到假日，我們店裡都會有小朋友來玩，遇到喜歡表演的小朋友，我們就會放音樂讓他們在門口表演，體會一下當小小街頭藝人的滋味。跟我很熟的小朋友會叫我阿志哥哥，我身邊老是圍繞著小朋友，若我在店裡時，就會有很多小跟班在後頭跟進跟出。很多人形容我是孩子王，所以才有本事讓頑皮的小朋友們乖乖聽話，其實我只是一個深深為陶笛著迷的大男孩。

說真的！以前我與我弟在顧店時，進來店裡的小朋友比較常會找

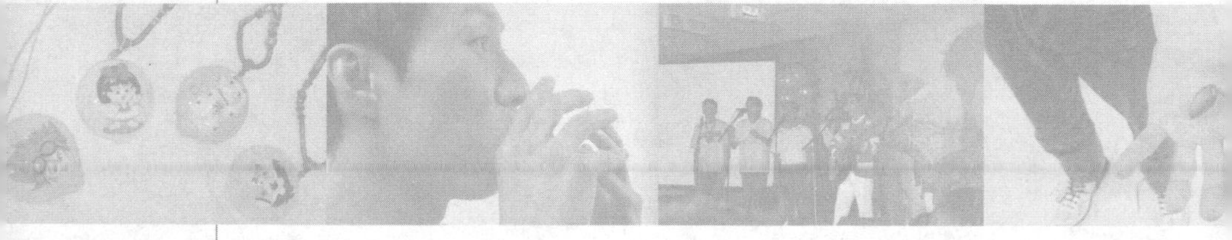

我，但我弟就是比較有異性緣，女生比較會跟他搭訕，想跟他做朋友；至於我，我很努力回想了半天，以前在顧店時，好像真的沒有什麼豔遇呢！

馬祖陶笛奇緣

陶笛是上帝恩賜給我的禮物，我想把這項禮物分享給全民，尤其是偏遠地區。比較山區或貧窮地方的小朋友，如果時間允許，不管多遠我都會去教。像鋼琴要搬到山上去，得要花上一番功夫，而陶笛小、攜帶方便，不管走到哪裡，拿起來就可以吹的特性，很適合小朋友，最重要的是它學起來非常簡單。

對於馬祖仁愛國小的王校長我一直存著感激，長期以來，他鼓吹陶

笛音樂更是不餘遺力。後來他邀請我前往馬祖，讓我有機會回到風潮陶笛音樂的靈感來源之地，我當時也帶了陶笛送給當地的小朋友。馬祖是個淳樸的地方，那裡的石屋、漁港、天空，有著和台北很不一樣的風情。兩天一夜的活動，當地小朋友與我互動愉快、溫馨，彷彿一座快樂的陶笛城堡，每個人都徜徉在這個十指圈圍的小小世界裡，交織著童趣與歡樂，隨著馬祖碧綠的海水拍打在石岸上的節拍，譜成了一個快樂的樂章。

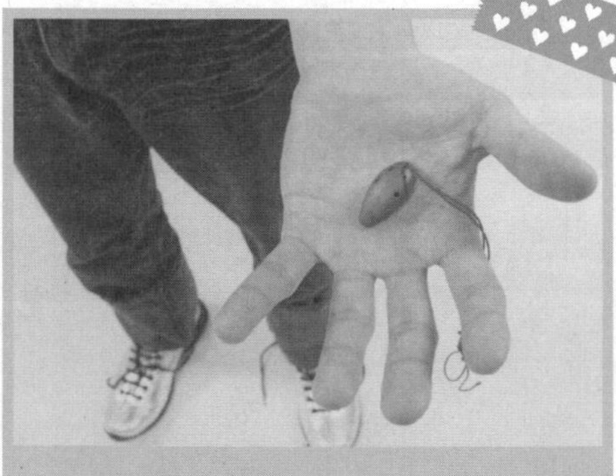

● 手心中的超小陶笛

現在，只要店裡出現雖有小瑕疵、但聲音還是很棒的陶笛，我都會

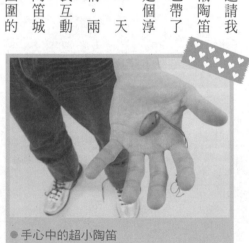

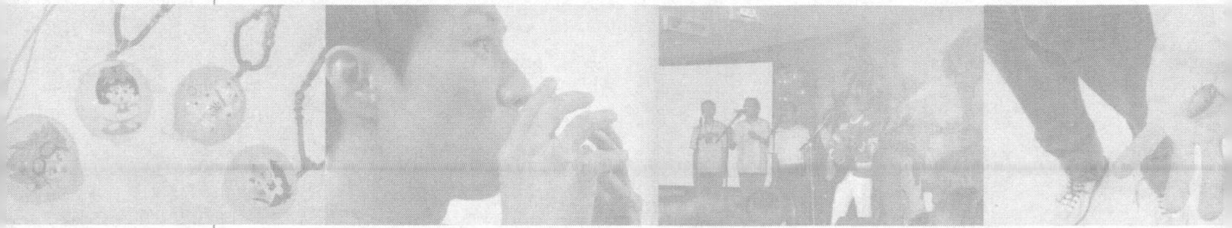

盡量寄給他們，對於馬祖，我是抱著感恩的心來回饋。

上帝讓我有機會把興趣向外傳揚，藉著陶笛將快樂散播給台灣的大朋友、小朋友，因此我在推廣陶笛時，也是以一顆感恩的心做為動力。冥冥中我知道，這份喜樂將乘著笛聲的翅膀，持續蔓延開來……

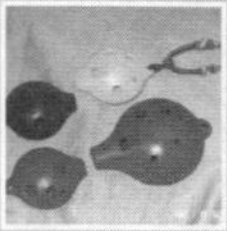

陶笛阿志大事紀

一九九九年　陶笛阿志初次接觸陶笛，並開始學習陶笛演奏。

二〇〇〇年　第一次於樹林大同國小擔任陶笛獨奏。

二〇〇〇年　參加日本國寶級陶笛演奏家——「宗次郎」先生演奏會，深深被感動，因此回國後積極籌劃推廣陶笛的活動。

二〇〇二年一月　台灣第一家陶笛專賣店——「陶笛玉玲瓏」於鶯歌正式開幕，六月於九份開設「陶笛玉玲瓏九份店」。

二〇〇三年　發行台灣第一張陶笛專輯——「陶笛奇遇記」，收到廣大熱烈的迴響。並與誠品書店、麥當勞合作舉辦上百場「陶笛體驗營」，讓更多大朋友與小朋友一同學習陶笛。

二〇〇三年　年底發行第二張專輯——「陶笛異想樂園」，並受邀至各大媒體、電視節目中推廣陶笛。

二〇〇四年一月　內灣店開幕，三家門市並正式更名為「陶笛阿志」。

二〇〇四年七月　第三張專輯——「陶笛共和國」發行，期間陶笛阿志本人也參與各項慈善活動，讓更多人能感受到陶笛的魅力。

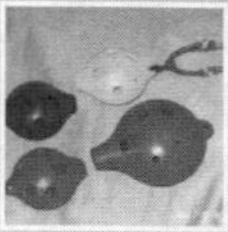

身體裡住著兩個靈魂的陶笛阿志

文／林靜宜（本書採訪撰文者）

我採訪過形形色色的成功人物，上至政府與縣市首長、國內外企業CEO、專家學者、各行各業出色的佼佼者……，但是陶笛阿志令人印象深刻。

明明他就跟我同年，為什麼可以給人一種多層次感？每次採訪結束後，又覺得重新認識他。一個人的層次感往往要經歷過歲月洗禮才能蛻變而出，就好像甘醇美酒，需要多年醞釀，阿志是少數年輕人中擁有多層次感特質的人。

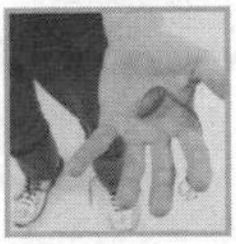

總覺得阿志的外表下住著兩個靈魂，一個是大男孩的阿志，另一個是成熟男人的阿志。

小朋友口中的阿志哥哥是其中的一個他。

第一眼看到阿志，簡單的T恤搭配牛仔褲，白白淨淨的，像個鄰家大男孩，脖子上掛了兩顆陶笛，吹起陶笛的神情足以迷死一大堆「粉絲」。

談起陶笛、球類運動，他臉上的表情盡是大男孩的開心笑容，讓人可以感染到他熱力四射的活力。你以為阿志只有在講到陶笛時才會手舞足蹈嗎？那你就錯了，講到他最愛的棒球，肢體語言更是豐富十足，加上他講話速度超快，我忍不住想要建議他，若不教陶笛，改行當體育主播吧，保證也是超人氣！

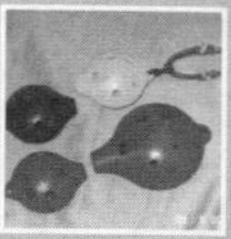

在採訪中，講話很直的他會一股腦把他的想法毫不保留的告訴你，感覺得到他是很認真地在跟你交心，而且坦率到令人訝異，收穫比原本想像的多，包含其實可以不用講的個人私事，但我可是很有職業道德的，律師與客戶有保密條款，我們與受訪者間也要有無形的保密協定，與本書無關的就不便寫入。

不過，為了回饋大家，在此特別service（殺米思，日語）一下，偷偷告訴大家，上過那麼多專訪節目的阿志，碰到氣質美女主播李文儀時，竟然出現難得的吃螺絲畫面，講話速度也變慢了。

但，在談事業、談家庭、談人生、談未來時，我看到的是一個能一肩擔起重任的成熟阿志。

或許是因為家裡曾破產過，跑過紅白場、民俗攤的他見識過大大小

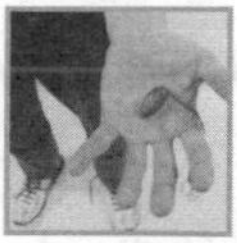

小的場面，當兵又被分到一天要行軍十小時的關渡野戰師操練過，造就出另一個阿志。這個阿志想法獨特，比起一般同齡的年輕人顯得早熟，就連在談音樂時，那種對陶笛的使命感也在言語中展露無遺。

大男孩的阿志與成熟男人的阿志，交錯而成獨一無二的「陶笛阿志」。

這本書由阿志口述而成，從成長背景、事業經營、音樂理念來徹底剖析他。看完此本書，就會知道他憑什麼以一人之力，帶起台灣的陶笛產業；為什麼六年五班的阿志能把陶笛從玩具變成樂器，於短短三年內，以三十萬元築起陶笛夢，創立三家店，並且說服唱片公司幫他發行陶笛專輯，至今已經出了四張，還創下非主流音樂的銷售紀錄。

寫書期間，我到鶯歌店實地觀察店面生意，當我看著一間小小的店

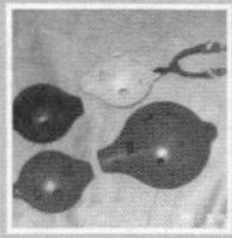

進來了絡繹不絕的人潮時，真的不禁要佩服起阿志，他成功扭轉陶笛在台灣的形象，這些人是進來買樂器，而非把玩的「小玩意」。當我把小小陶笛握在手裡，感覺它隨著掌心溫度而變化，也試著體會阿志為陶笛瘋狂的那種心情。隨意漫步在街上，四處都可以聽到店家在播放阿志的陶笛專輯，一種陶笛文化的氛圍在鶯歌形成，隨著阿志的努力推廣，從鶯歌、九份、內灣，再到全台各地蔓延開來。

從這本書，你可以看到阿志的創業過程，以及其成功關鍵因素，更可以從中了解他的事業與音樂理念。阿志的成功是來自於他對陶笛的熱情，每個人只要對自己喜歡做的事情充滿熱情，就有圓夢的一天！不管你是大朋友還是小朋友，不管是想創業或是想實現自己的夢想，看完了陶笛阿志的創業故事後，相信，你會更清楚找出如何圓夢的方法。

葉子出版股份有限公司

讀・者・回・函

感謝您購買本公司出版的書籍。

爲了更接近讀者的想法，出版您想閱讀的書籍，在此需要勞駕您詳細爲我們填寫回函，您的一份心力，將使我們更加努力！！

1.姓名：__________

2.性別：□男 □女

3.生日／年齡：西元______年_____月_____日____歲

4.教育程度：□高中職以下 □專科及大學 □碩士 □博士以上

5.職業別：□學生□服務業□軍警□公教□資訊□傳播□金融□貿易
□製造生產□家管□其他__________

6.購書方式／地點名稱：□書店_____□量販店_____□網路_____□郵購_____
□書展______□其他____

7.如何得知此出版訊息：□媒體_____□書訊_____□書店_____□其他_____

8.購買原因：□喜歡作者□對書籍內容感興趣□生活或工作需要□其他

9.書籍編排：□專業水準□賞心悅目□設計普通□有待加強

10.書籍封面：□非常出色□平凡普通□毫不起眼

11. E－mail：____________________

12喜歡哪一類型的書籍：____________________

13.月收入：□兩萬到三萬□三到四萬□四到五萬□五萬以上□十萬以上

14.您認為本書定價：□過高□適當□便宜

15.希望本公司出版哪方面的書籍：____________________

16.本公司企劃的書籍分類裡，有哪些書系是您感到興趣的？

□忘憂草（身心靈）□愛麗絲（流行時尚）□紫薇（愛情）□三色堇（財經）

□ 銀杏（健康）□風信子（旅遊文學）□向日葵（青少年）

17.您的寶貴意見：

____

☆塡寫完畢後，可直接寄回（免貼郵票）。

我們將不定期寄發新書資訊，並優先通知您

其他優惠活動，再次感謝您！！

廣　告　回　信
臺灣北區郵政管理局登記證
北台字第8719號
免　貼　郵　票

106-□□
台北市新生南路3段88號5樓之6

揚智文化事業股份有限公司　收

□□□-□□
地址：　市縣　鄉鎮市區　路街　段　巷　弄　號　樓
姓名：

葉子
Leaves Publishing

書號 L4304　書名 陶笛阿志——游學志的陶笛王國

0-100 歲的國民樂器，
全民玩音樂，輕鬆吹奏快樂的樂章！
陶笛飛行船
Ocarina Flyer
ㄚ志自選輯
要出航囉~
帶你飛向遼闊的音樂天空！
金曲獎得主董運昌擔綱製作，
陶笛ㄚ志掌舵 挑選超人氣曲目——
膾炙人口的「山頂黑狗兄」、「檸檬樹」，
宮崎駿動畫主題曲「天空之城」、
你我童年共同記憶「小叮噹」，
以及兩首超好聽全新創作曲！
陶笛家族全系列
陶笛輕鬆學1
(六孔陶笛)
陶笛輕鬆學2
(12孔陶笛)
陶笛奇遇記
陶笛異想樂園
陶笛共和國
陶笛飛行船
風潮音樂 WIND RECORDS 感動全世界
http://www.wind-records.com.tw